JN211916

［ヴィジュアル版］

# バクテリアの神秘の世界

## 人間と共存する細菌

—Beautiful Bacteria—

タル・ダニノ【著】　野口正雄【訳】
Tal Danino

原書房

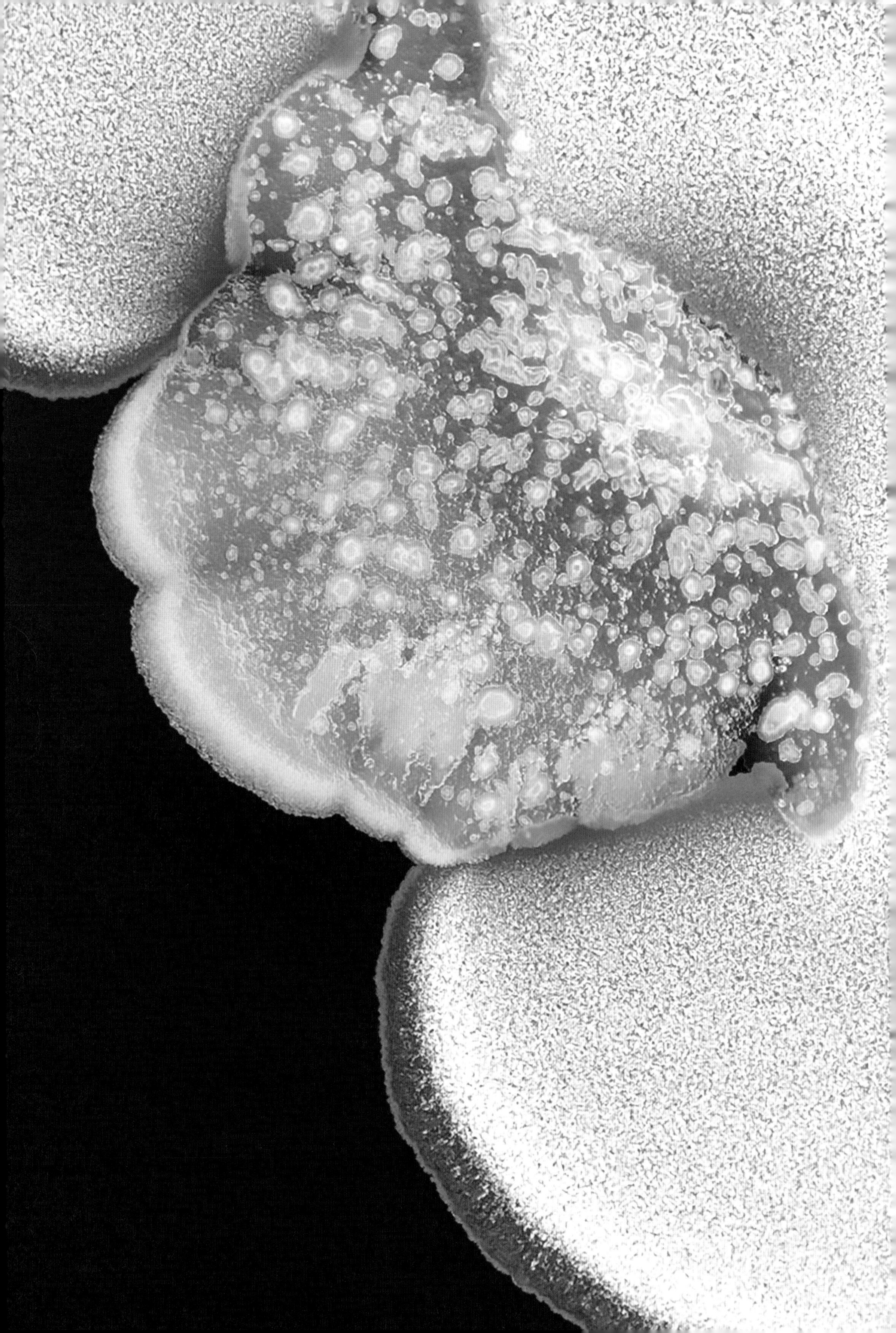

［ヴィジュアル版］

# バクテリアの神秘の世界

## 人間と共存する細菌

—BEAUTIFUL BACTERIA—

タル・ダニノ【著】　野口正雄【訳】
Tal Danino

# まえがき　ヴィック・ムニーズ（アーティスト、写真家）

## 美しさとは真実の輝きである

科学（サイエンス）と芸術（アート）はいずれも私たちを取り巻く世界を観察し、理解する系統立った方法である。科学は一般に私たちの五感の及ばない領域にある真実を見い出すことに関わるものであるのに対し、芸術は感覚刺激がいかに複雑な内的感情や認知過程と結びついているかを扱う。確かに、ある種の科学理論の美しさや数学の解法のエレガントさについて語られることもあるが、科学的思考の中で美的感覚が果たす役割はこれまで常に軽んじられてきたか、シンプルさや対称性といった事柄に単純化されてきた。実際、芸術の営みと科学の営みの間には、目的という点では共通するものがほとんど、あるいはまったくないといってもいいだろう——だが、審美的なとまどいは多くの芸術的発想や科学的発想を生み出す基盤として共通するものなのだ。

個人的なことをいえば、私には芸術家と科学者の仕事の進め方を分けて考えるのが難しいときがある。いずれもある種の歴史的背景の中で行われる経験的営みである。いずれも観察から始まり、観察したものを伝えることのできる能力に依拠している。最後に、30年にわたる私の芸術活動を通じて行った多くのコラボレーションで科学者との付き合いを楽しんだ経験から、私たちの心がたいてい同じ種類の刺激にくすぐられることに気づいたのである。そうであるなら、科学的言説において美的感覚がこれほど長きにわたり強く遠ざけられてきたのはなぜだろうか？

海の生き物を取り上げたジャン・パンルヴェの先駆的映画があまりに美しく、娯楽的であるがためにいかに科学界から冷遇されたかという話を耳にする。確かに美が実験に入り込むと、その実験は決まって信じがたいものになるように思う。ハロルド・エジャートンの瞬間を切り取った写真からベレニス・アボットの泡の写真に至るまで、数字、方程式、非物質的実験の世界から科学的美しさを引き出そうとする試みは常に、わかっていることと、あらゆる素晴らしいアイデアに内在する美を伝える手段の間にある大きなずれを浮き彫りにする。

私がタル・ダニノと知り合ったのは10年余り前にMITメディアラボに滞在していたころのことだが、ちょうどそのころ私はリン・マーギュリスとドリオン・セーガンの書いた本、『ミクロコスモス：生命と進化』（東京化学同人、田宮信雄訳）に心奪われていた。だからクオラムセンシングに関するタルの美しい実験を初めて目にしたとき、私の頭はすでに強力なバクテリアというアイデアに取りつかれていたのだ。実験では彼はバクテリアを、一定の量に達するとリズミカルに輝くようプログラムしていた。こうした実験を私が美しいというとき、私は芸術家として述べている。なぜなら私は、まじめな実験を顕微鏡を使ったコールドプレイのコンサートへと変容させる動画のエレクトロニックサウンドトラックをすぐさま思い浮かべたからだ。著名な物理学者リチャード・ファインマンが、ロサンゼルス・カウンティ美術館の後援した芸術家ロバート・アーウィンとの2日間にわたる出会いについて語っている。そのとき、行きつ戻りつする議論で大いに苦労した後で、このノーベル賞学者はついにアーウィンが語っていることを理解し、それを興味深く、素晴らしいことだと考えた。タルの場合、状況はまったく違った。最初から何も言葉で示されず、説明されることもなかった。タルが実験のプロセスを宝探しとして設定したためだ。ペトリ皿の上に広がるある種のカラフルなパターンの美しさにふたりで頷いたあとで初めて、彼はそれが実はパエニバチルス（*Paenibacillus*）属の菌、さらにはサルモネラ菌であることを明かしたのである。タルはがん細胞の美しさも見せてくれた。その実験により私は自分たちが複雑な生命体として実際にどんなものからできているか理解を深められただけでなく、知識と経験によって得られる美があることも悟ることができた。

かつてあるハンターから聞いた話だが、シカ狩りで一番大変なのは狩った獲物を車まで運ぶことなのだそうだ。科学的知性は独占的な知識の領域に存在し、最も創造的な人にすら想像もつかない宇宙を発見するのかもしれない。だがそうした発見を行う仕事は深い知識の森を超越する。それは実際的な目的のために伝えることができるだけでなく、内在する美的特性について楽しむこともできる言語となる。それは気前のよさ、共感、決意の賜物なのである。

本書『バクテリアの神秘の世界』は、私たちが共生している最も普遍的な生命体の世界を紹介する魅惑的なガイドである。さまざまなタイプの視覚言語を利用することで、本書はテーマとともに著者がそのテーマに感じている魅力も示す。タルは驚くべき科学者であるとともに、アイデアをいかに伝えるかにも深い関心を抱いている。おそらく彼のバクテリアとの共生（コンヴィヴィアリティ）から、培養（カルチャー）とくれば——どんな文化（カルチャー）でも——作成や保存に劣らず宣伝が重要であることを教えられたのだろう。これまでずっと有能であったバクテリアは決して擁護してくれる存在を求めなかった。バクテリアは存在するために人間の助けを必要としないし、その優れた能力はいわずもがなに自明である。本書は、生命の曙以来至るところに存在してきた——しかし、主として美の一形態として見られることが決してなかったという理由で気に留められることなくきた——生物と人間がつながり、そこから学ぶことのできる書籍なのである。

米国カリフォルニア州ヴェニスビーチの砂から採取、分離したパエニバチルス属の菌。ペトリ皿の下方に菌を含むしずくを付着させると数日のうちに成長して複雑なコロニーを形成した。それを色素で染色している。

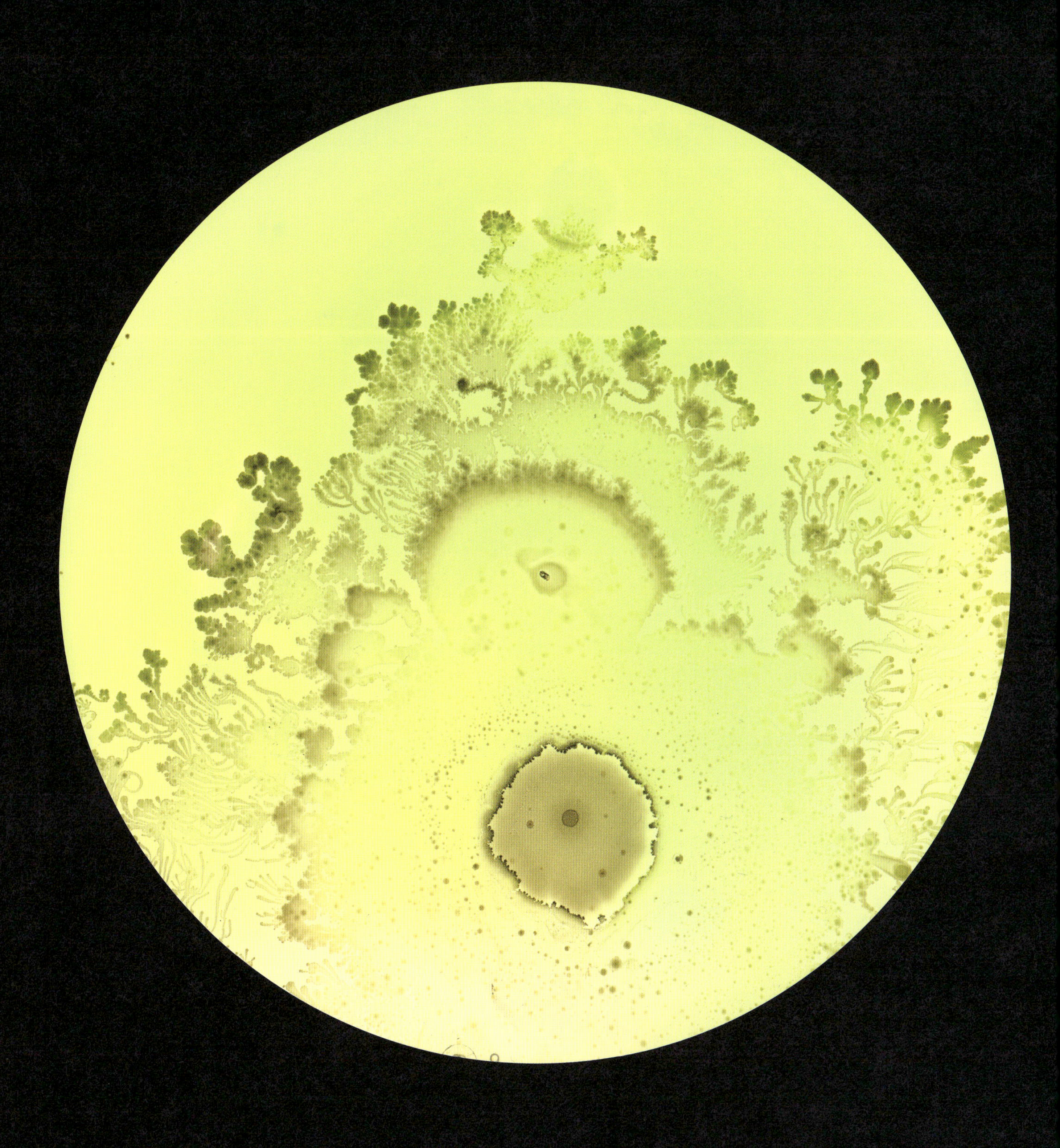

パエニバチルス・ロータス（*Paenibacillus lautus*）

# はじめに

肉眼では見えない微生物の世界は一種のルネッサンスを迎えている。いまでは微生物はもっぱら病気をもたらす原因とはみられなくなっている。それどころか、バクテリアやウイルスから真菌、古細菌、原生生物に至るこうした微生物は多くの人を魅了する存在となっているのである。微生物の影響は、私たちのマイクロバイオーム（一定の区域に生息する多様な微生物の集団）が健康にもたらす影響、気候変動や地球の健康（プラネタリーヘルス）において環境微生物が果たしている役割、バイオテクノロジーの可能性など、公的な場でも内輪の場でも話の種になっているのだ。

バクテリアの驚くべき性質に触発されて、私は、人類が微生物をいかに生物工学で操作し、有益な目的に役立てられるかを考えている。私はシンセティック・バイオロジカル・システムズ・ラボラトリー（「ダニノラボ」と呼ばれることが多い）にいる多くのバクテリア好きの仲間のひとりだ――このラボは科学、工学、デザイン、アートの各分野出身で、進化によりバクテリアが行った発明を別の目的に活用することに打ち込んでいる多彩な人材からなる驚くべきグループである。

私たちのような合成生物学者は、微生物を、体内に導入し、病気を調べ、発見し、治療することのできるプログラム可能な極小機械と捉えている。体表や体内でバクテリアが占めている多様なニッチを利用して、私たちはそうしたバクテリアを人間の健康を増進するよう個別に設計したバクテリアで置き換えることができるのだ。このような操作はバクテリアが関わる他の生態系や応用分野にも広がっている。

本書はペトリ皿の中のバクテリアを取り上げたものである。このような単純なプラットフォームによっていかに微生物の信じがたい多様性と複雑さを示すことができるかに私は長らく魅了されてきた。ペトリ皿の中で、シンプルなコミュニケーションルールに支配される個々のバクテリアから群集が出現し、雪の結晶のようなパターンを形成する。人体や環境中の試料から得たバクテリアを培養することで、ダニノラボで私たちはこうした生物を美的形態へと成形し、それをメディアとして活用することで、バクテリアの歴史、その複雑なライフスタイル、世界にもたらす影響、またいかに彼らを有用な用途に利用できるかを伝える。

結局のところ、人間はいまでもカビや腐敗をもたらすバクテリアなどの微生物を悪いイメージで捉えがちである。私たちが進化の過程で得た本能のおかげで、人類は微生物を避けるよう条件づけられているからだ。だが私たちの進化は、例えば、動物界に色覚をもたらした花や果物の鮮やかな色彩などの、自然界に存在する美の現れを感じ取る生来の性質とも結びついている。人類はその歴史を通じ、動植物を自分たちの美的感覚に沿うように選んで育種してきた――であれば微生物にもそうしない手があるだろうか？　美しいバクテリアが、科学的原理を伝えるのに役立つだけでなく、科学研究の新しくクリエイティブな方向性をも刺激しないはずがあるだろうか？

の群れ、植物の葉の反復パターンのような自然界のプロセスに似た、肉眼で見える群集を形成する。バクテリアの成長と対称的な形態は、魅力的なパターンや心を捉える色彩として現れ、見た目に楽しいものだ。私たちはバクテリアに特定の環境条件を与えることでバクテリアをコントロールしたり、精度を高めるために遺伝子操作したりする——だがバクテリアはしばしば私たちの意図からそれて混沌をもたらし、彼ら自身がアート作品創造の能動的な参加者となる。そうして得られた画像は苦労の跡もなく落ち着いて見えるが、その画像を生み出すためには、ペトリ皿をデジタル技術ではなく、科学用色素や美術用色素を使って手作業で着色するなどの時間と手間がかかっている。

本書に掲載している拡大したペトリ皿はそれぞれが小宇宙の世界に似ている。ある画像を見ても、それが海底に存在している何かなのか、あるいは遠い銀河を着色した画像なのかを見分けることは難しい。こうした尺度を変えても変化しないペトリ皿の性質に触れれば、バクテリアの世界からより広い宇宙における生命の可能性について思いをはせることもできる。生きているバクテリアを観察するとき、私たちはこのような微生物と私たちが共有する環境についての物語を読み解き——究極的には生命それ自体についての理解を深めることができるのだ。

土壌、砂、植物の葉から採取し、ペトリ皿のゲル培地で培養して分離した菌種。色素で染色している。

ペトリ皿で培養した大腸菌（*Escherichia coli*）の複数のコロニー。このペトリ皿は色素で染色し、乾燥させて保存加工した。

望遠鏡が終わるところから、顕微鏡がはじまる。
どちらの視界の方が大きいだろうか？

ヴィクトル・ユゴー『レ・ミゼラブル』（1862年）

# 1

# ミクロの宇宙

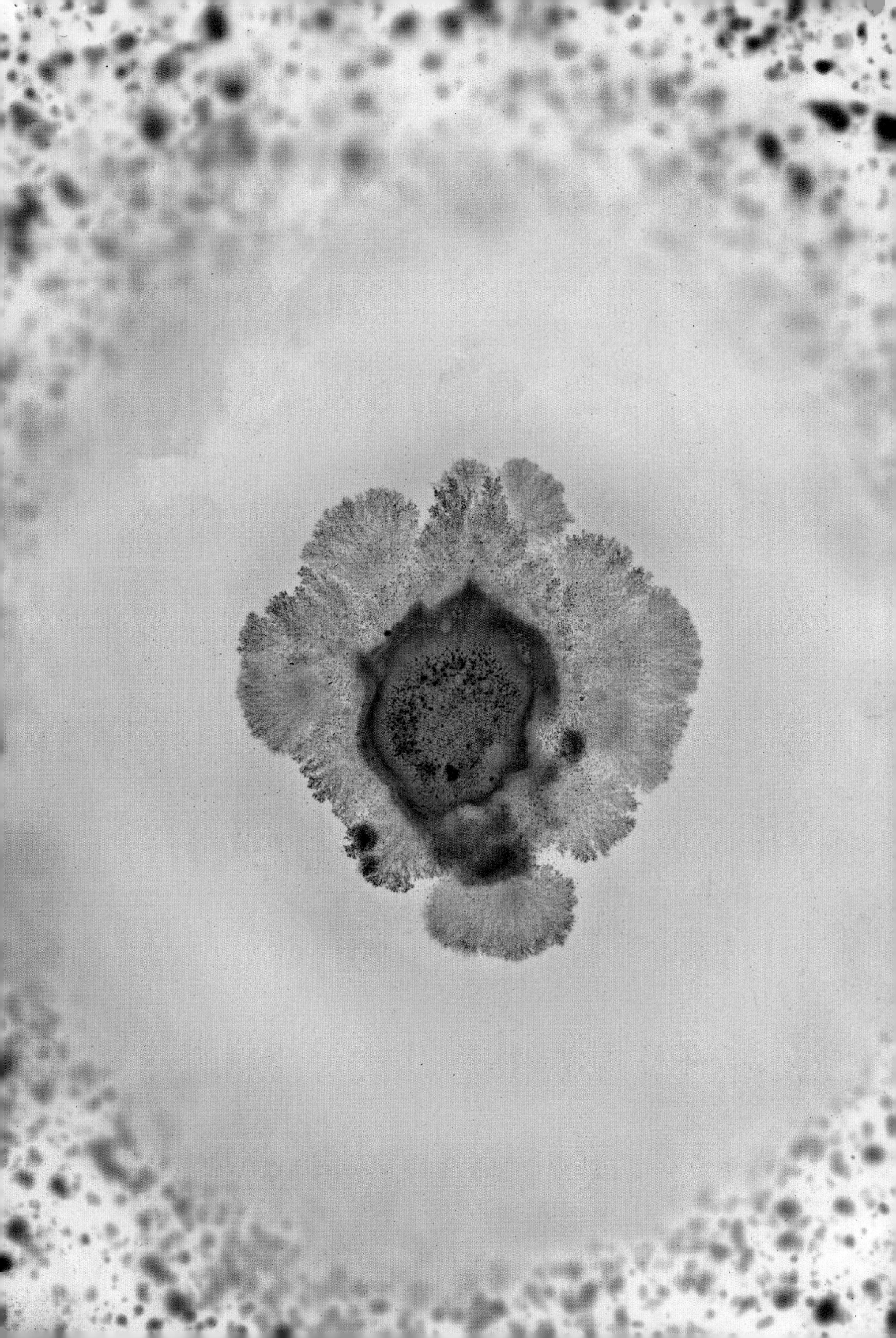

# 第1章
# 生命の起源
## 私たちの微生物学的祖先

地球上の生命は深海――地球の地殻プレート同士が離れ、日光が射さず、酸素のない場所を特徴とする火山性の熱水噴出孔の近く――で始まった。こうした噴出孔が吐き出す熱水や栄養素には無機物と有機化合物が多く含まれており、これらが分子レベルでの生命誕生を促した。生命のない分子から生命体への転換は顕微鏡レベルで起こった壮大なスケールの変化だった。この転換は一度きりの出来事ではなく、段階的に進展することで複雑さを増し、生命に適した惑星の形成と、その後に単細胞生物がどんどん複雑な生命体へと進化する条件を支えた。

私は幼少のころから生命の起源に魅了され、他の多くの子どもと同じく、それは恐竜への熱中という形に現れた。私は恐竜の名前をできるかぎりたくさん覚え、彼らが生息していた古代世界の情景を絵に描いたものである。古生物学がひとつの入り口となって、私は科学の世界と発見がもたらす興奮に初めて触れたのだ。成長していく中で私は絶えず新しい化石や恐竜種の発見に関するニュースを耳にした――だがバクテリアがどうしていたかは知らなかった。

これは――恐竜とは対照的に――個々のバクテリアの細胞は肉眼では見えず、その存在の痕跡がほとんど残っていないことによるものだろう。バクテリアの遺骸が生み出す化石は、恐竜が生み出す、肉眼で見て触れられるだけでなく、巨大で、おのずから人々を魅了する驚きを備えた華々しい化石とは似ても似つかない。実のところ、現在の私の研究（また本章）には、古生物学の分野に本来的に備わっている驚くべき集客方法にヒントを得ているところもある。つまり組み立てて壮観な展示物にし、博物館に飾って人々に見てもらい、熱狂を呼び起こすことのできる巨大な化石だ。だが、生命の起源をさらに遠くさかのぼり、バクテリアの出現――恐竜の時代が約2億5000万年前であるのに対して数十億年前――について思いをはせれば、そうした最初の起源は一層魅力を増すのだ。

ペトリ皿で培養した土壌バクテリア（詳細）。最初の微生物は、地球の形成から10億年ほど経った約36億年前に深海の熱水噴出孔で出現した。

（右ページ）
土壌から分離されたバチルス属（*Bacillus*）の菌。複雑な成長パターンからこうした微生物間のダイナミックな相互作用がわかる。

バクテリアは進化を経て私たちを形づくるあらゆる細胞ひとつひとつの一部となった。研究によれば、地球が形成されたのは約46億年前のことだ――そしてそのおよそ10億年後に微生物の世が始まった。深海の熱水噴出孔で発生した最初の微生物は、古細菌（アーキア：英語のarchaeaは「古代」を意味する）と呼ばれるバクテリアに近いものと考えられている。おそらくはそこからさらに10億年ののちに、シアノバクテリア（光をエネルギー源として利用するバクテリア）の群集が地上で成長し、堆積岩に痕跡を刻むことで最初期の化石を残した。

その後の10～20億年をかけて、ごく小さいが途方もなく重要な段階をいくつか経て、単細胞生物は多細胞生物へと変化を遂げ、個々の細胞はさらに大きな生物の一部となった。

長い時間をかけて進化するうちに、細胞は大型化し、内部に特殊化、局在化した機能を発達させた。例えば、細胞の遺伝物質（DNA）を保護するために核を進化させ、また細胞の内外にあるタンパク質を変化させ、仕分けし、包み込むのに役立つゴルジ体を進化させた。おそらく進化の過程で生じた最も劇的な段階のひとつは、こうした大型化した細胞が小さな微生物を飲み込んだ出来事だろう。このような融合の最初のものは、酸素の多い条件では成長することができない古細菌が、酸素を好む好気性菌を飲み込んだ出来事だと考えられている。

ある細胞が別の細胞の中で生存する細胞内共生関係は、自然界を通じて広くみられる。このような関係は多くの場合、互いにとって有益であり、宿主細胞と内部に入った細胞のいずれにも利益をもたらす。前述の融合のケースでは、宿主細胞が酸素の多い条件で成長する能力を獲得した一方で、内部に入った細胞は保護を得た。進化の過程で、こうした相互的関係はさらにからみ合ったものとなっていったのだろう。全体として、融合した「細胞」は組み合わさった属性のおかげで、成長、適応できるようになる。実際には、内部に入った細胞（内部共生体と呼ばれる）が、生存に不可欠な遺伝子の一部を宿主細胞に移動させ、自身で成長する能力を失い、宿主に完全に依存することもある。こうしたいわゆる細胞小器官（オルガネラ）は生命に必須の機能を果たしている。例えばミトコンドリアは、微小な酵母菌やあらゆるヒトの細胞内の酸素が豊富にある条件でエネルギーを生み出し、飲み込まれたシアノバクテリアに由来する葉緑素のおかげで植物は光合成ができる。こうした細胞内共生説については複数の面から裏づける証拠がある。まず挙げられるのが、ミトコンドリア自身もバクテリアのものと大きさと構造が似たDNAを持っている点である。また自身で増殖し、独自のリボソームを持ち、ある種のバクテリアのものと似た膜を備え、タンパク質をそうした膜まで運ぶ。こんにち、細胞内共生説は広く受け入れられており、こうした融合ははるか昔の10～20億年前に生じたと考えられている。

本章に掲載しているのは、古代の微生物の世界が残した痕跡を思わせるバクテリアの写真である。さまざまな種のバクテリアを寒天培地で培養して撮影し、その画像を手すきの和紙に印刷している。化石が発見される生息地である土壌から採取した枯草菌

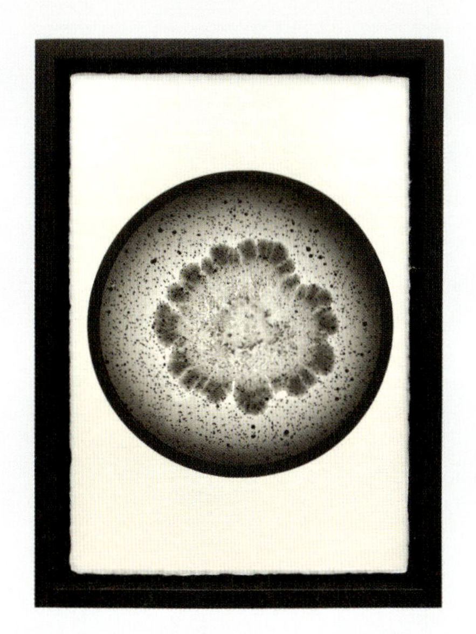
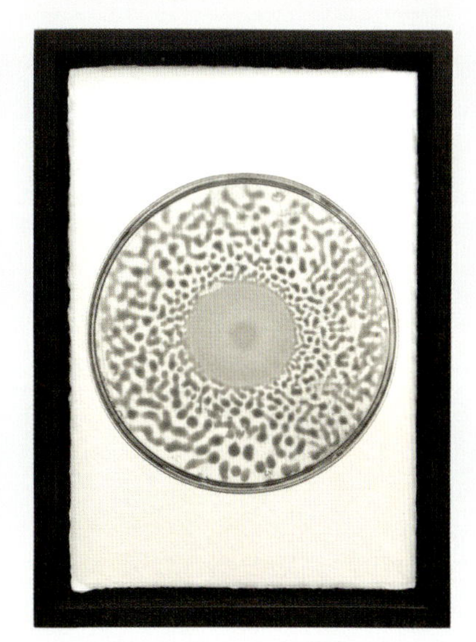
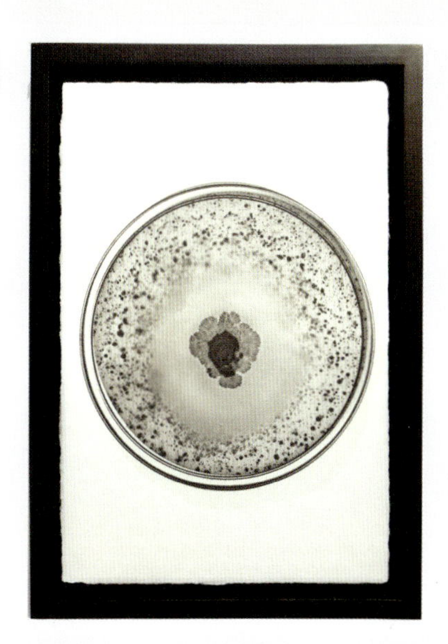

(*Bacillus subtilis*)、バチルス・ミコイデス（*Bacillus mycoides*)、プロテウス・ミラビリス（*Proteus mirabilis*)、パエニバチルス属の菌といったバクテリア種を使うことで、私たちは生物の有機的つながりと系譜に触れられる――例えば、生命の起源としてバクテリアが誕生して古代の微生物の祖先となり、それが内生バクテリアを取り込んだ複雑な細胞へと進化し、その後さらに複雑な生命体へと進化を遂げて恐竜や人類となり、そのそれぞれが今度は体内に微生物の群集を宿すというように。

現在も続く、地球上に生息する人類を含む動物との、ほとんどが相利共生的な関係は、私たちの住まいや環境、さらには私たちの体内に至るまで、生活のほぼあらゆる側面に浸透している。バクテリアは私たちのまわりの至るところに存在するだけでなく、私たちの体の細胞ひとつひとつの中にも存在している――そして総体としての私たち人類の物語の一部を成しているのである。バクテリアの存在は、彼らが私たちを取り巻く世界の形成過程にどのような影響を及ぼしてきたかだけでなく、地球上の生命体が互いに結びつき合い、進化が連綿と続いていることも私たちに思い出させてくれる。生命がどこで始まったのかを探れば、私たちの祖先がどんな存在だったのか、そしてその祖先がこんにちの私たちとどうつながっているのかに関する私たちの理解を根底から覆す発見がもたらされるのだ。

（以下25ページまでの見開き）
土壌から分離されたプロテウス・ミラビリス、枯草菌、バチルス・シュードミコイデス（*Bacillus pseudomycoides*）、パエニバチルス属の菌。本章の画像は手すきの和紙に印刷した写真を硬木の枠に入れたもので、地球上の生命がどのように進化し、互いにつながり合っているかをイメージしてもらうために作成した。

プロテウス・ミラビリス

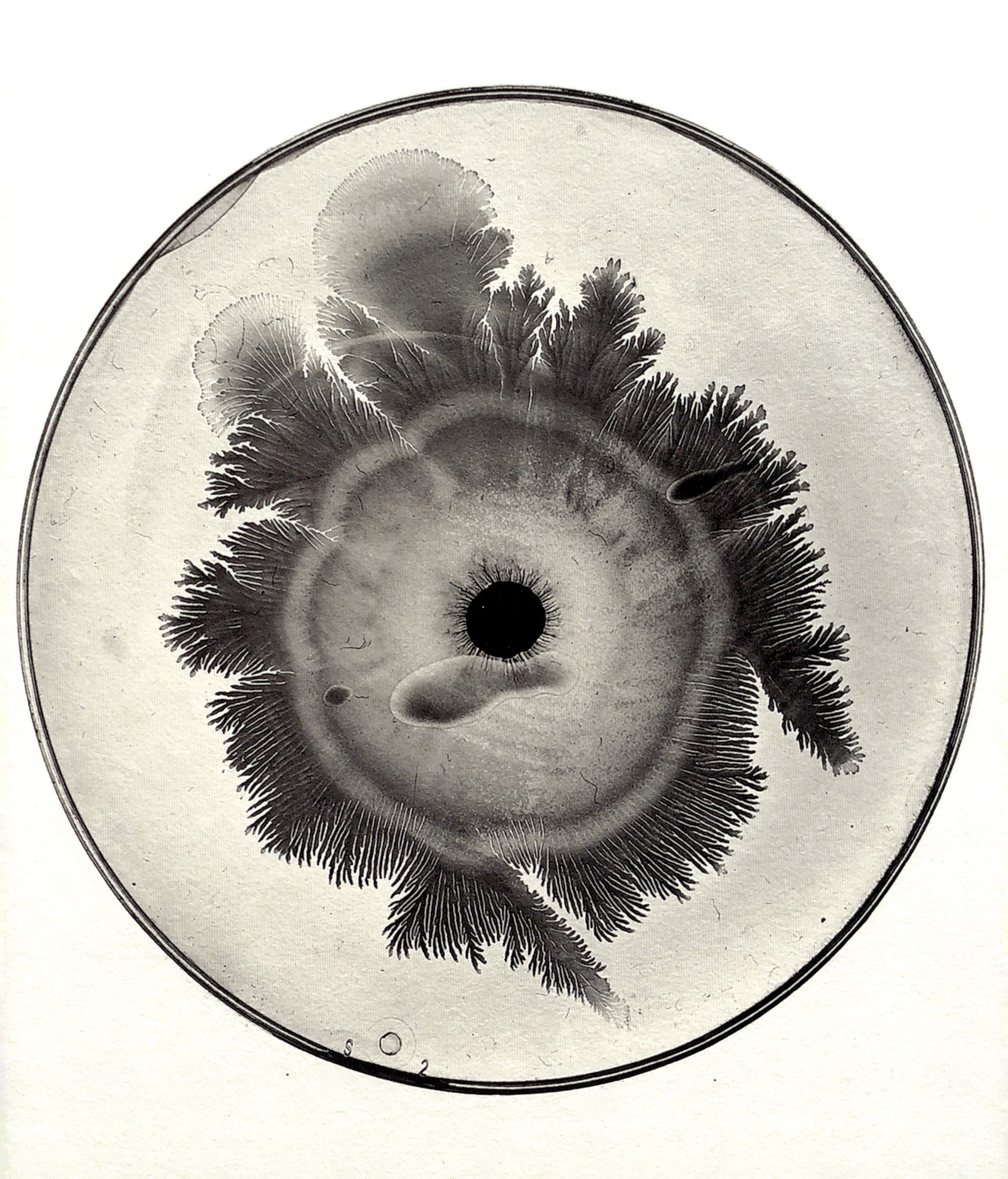

パエニバチルス・デンドリティフォルミス（*Paenibacillus dendritiformis*）

枯草菌

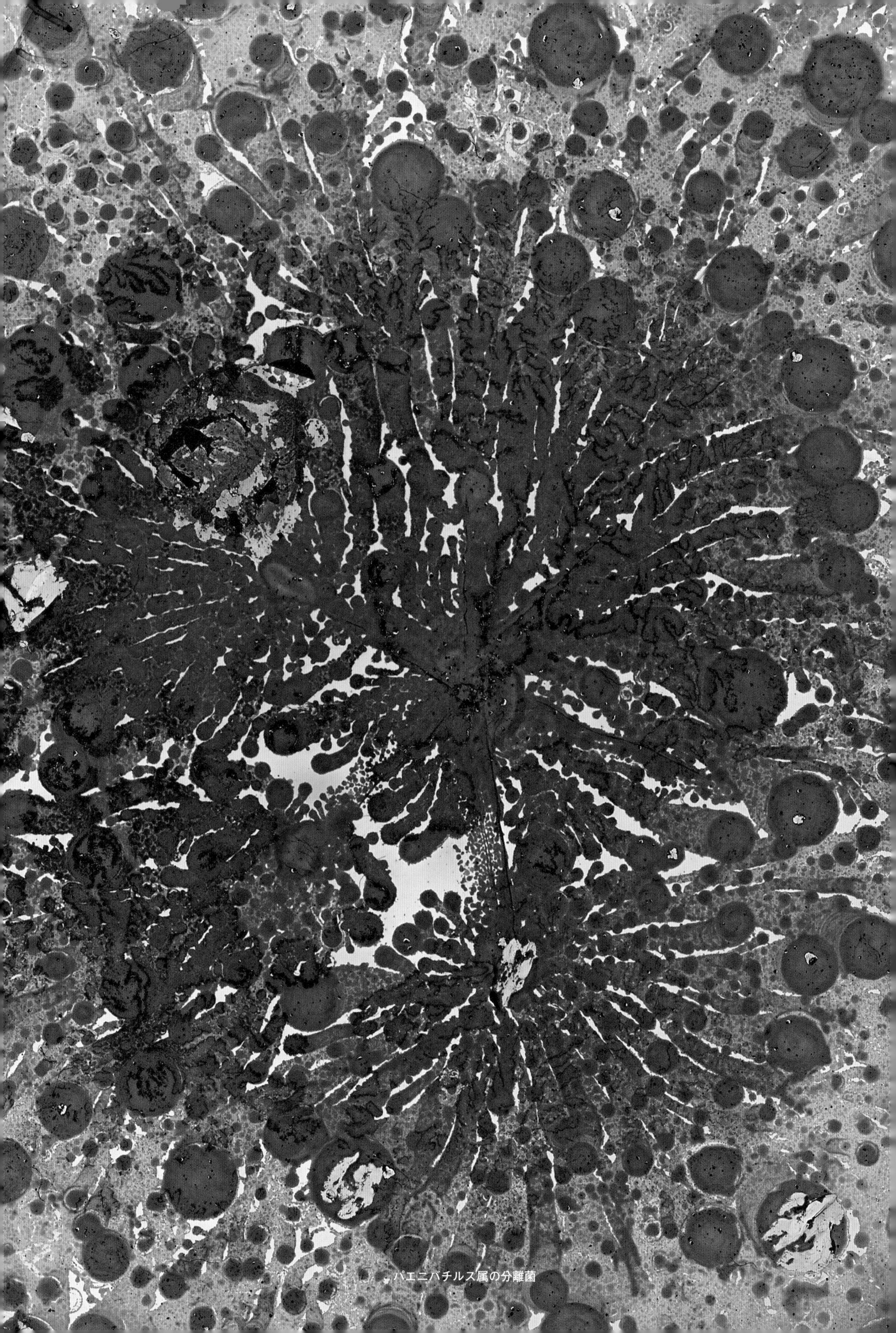

パエニバチルス属の分離菌

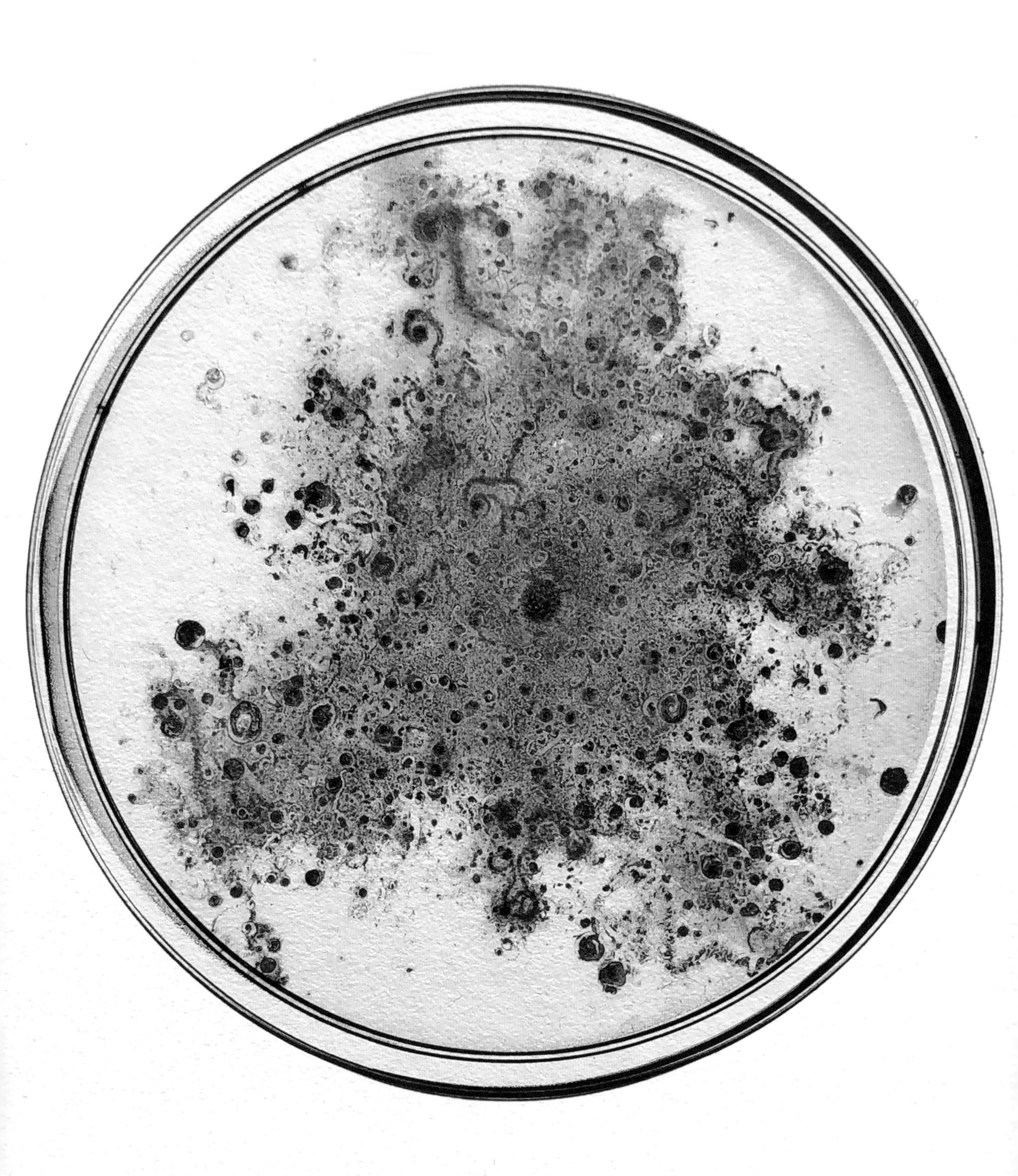

パエニバチルス属の分離菌

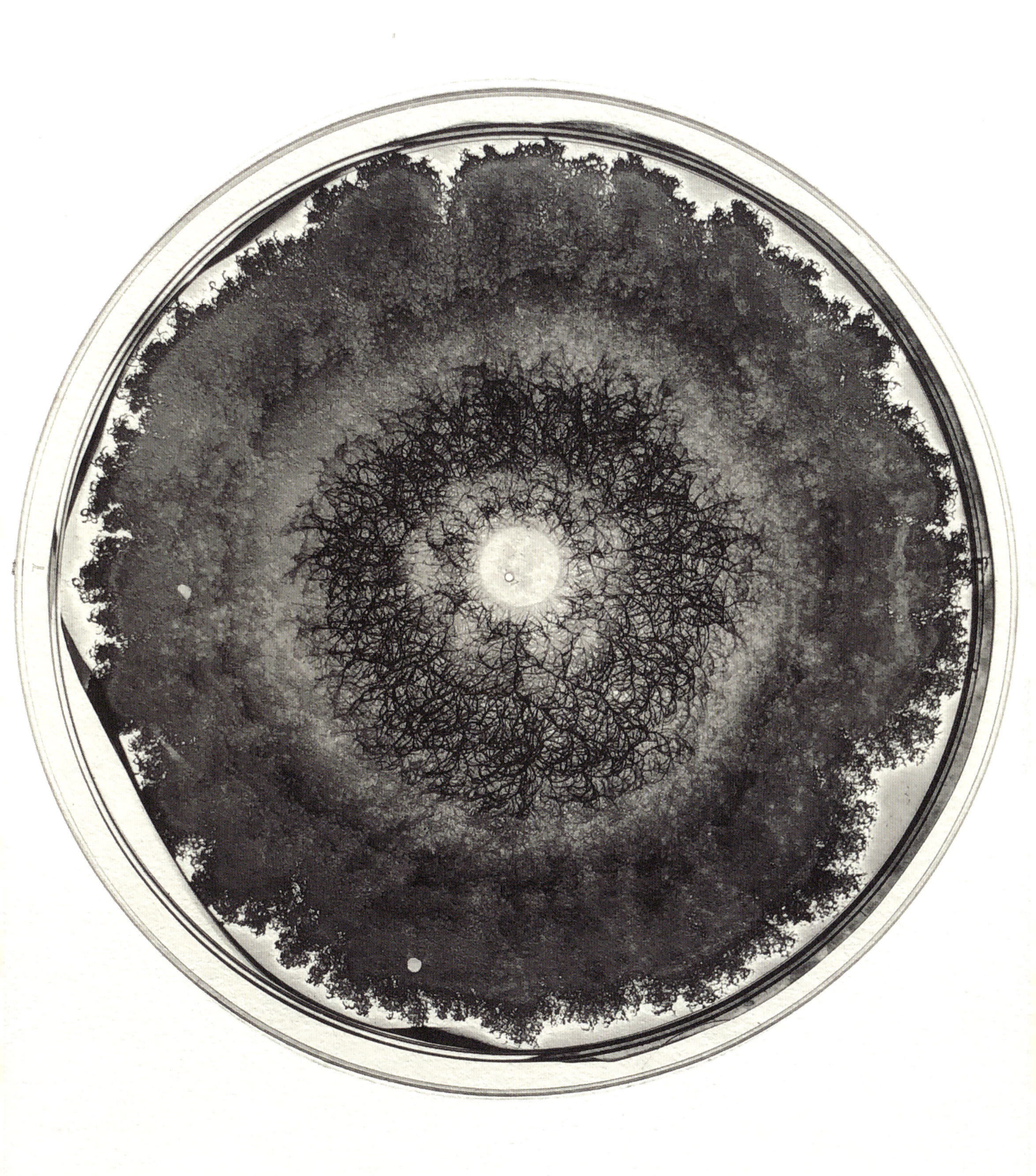

バチルス・シュードミコイデス

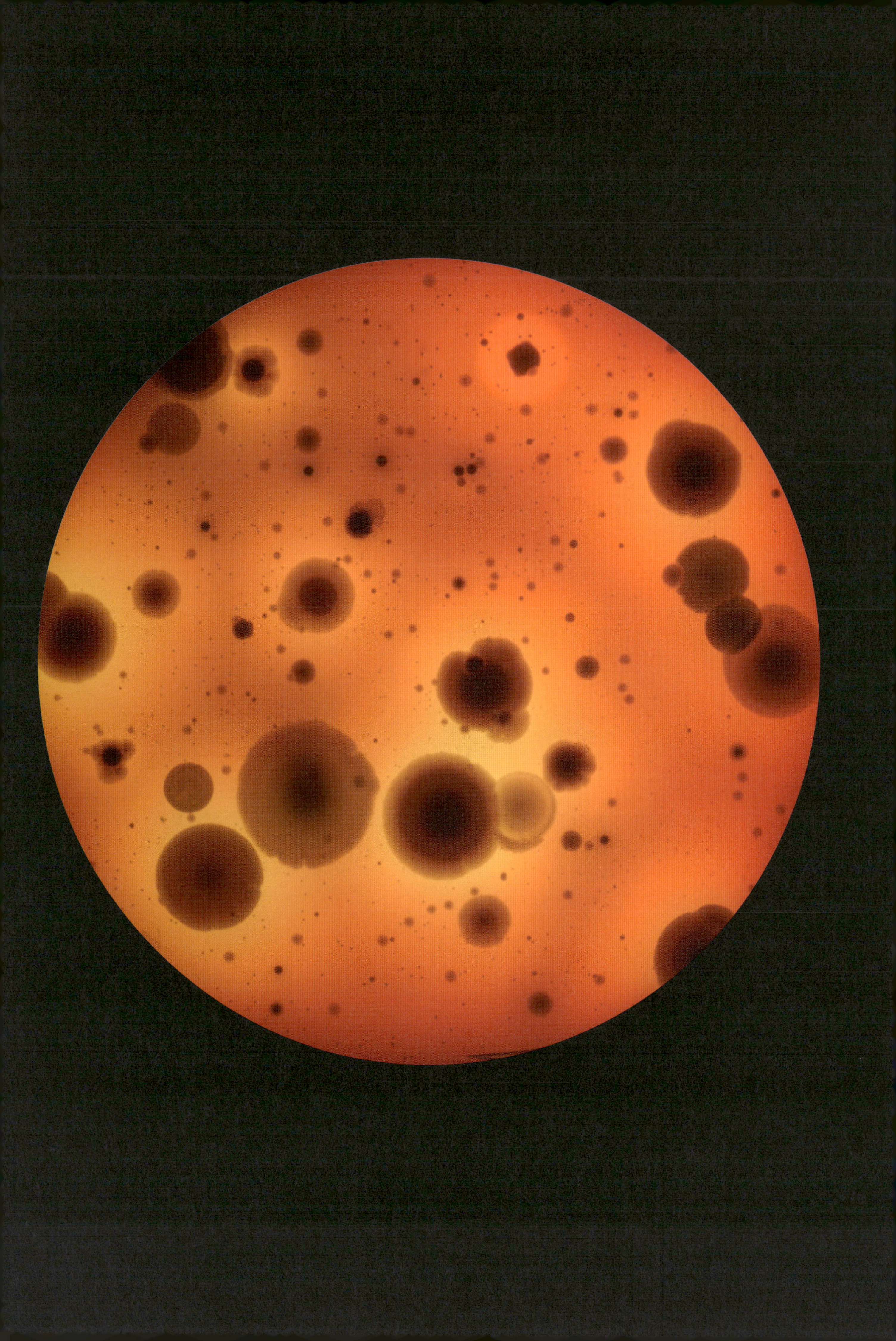

# 第2章
# 素晴らしいながめ
## バクテリアを同定する

17世紀に英国のロバート・フックは次のように記している。「私は前述のコショウを浸した水を調べてみた。そして海を観察しているかのようにその中を泳ぎ回り、跳ね回っている無数の小さな生物を目にしたのである。それは実に素晴らしいながめであった」。いまでこそ、科学史上最も重要なものに数えられる本に記されたこの文章は有名になっているが、その書き手は何世紀にもわたって忘れられていた。こんにちでは、フックとその著書『ミクログラフィア』（仮説社、板倉聖宣・永田英治訳［抄訳］）は、「微小な世界」の研究における重要な存在として認められている。科学者であり顕微鏡観察の愛好家、さらには熟練の画家でもあったフックは、現在では、芸術と科学の結びつきを体現する存在であったルネサンス期の博学者レオナルド・ダ・ヴィンチにちなみ、「ロンドンのダ・ヴィンチ」と呼ばれることも多い。

フックは当時の新技術であった顕微鏡を利用した。この技術のおかげで、科学者は微小な構造や生物の隠された世界をそれまで以上に掘り下げて研究できるようになった。フックが用いたのは、光を集めて像を拡大するふたつのレンズと焦点調節機構を備えた複合顕微鏡だった。

1665年に彼は顕微鏡で目にした昆虫や植物などの対象物についての観察を綿密に進め、自らの手による詳細な版画を盛り込んだ『ミクログラフィア：微小体の顕微鏡図譜とその学問的記述について』を出版した。微生物——私たちが「パンカビ」としてよく知る微小真菌のケカビ（*Mucor*）属——について出版物として初めて記述することで、同書は世の中の耳目を集め、触発された世界中の科学者や愛好家が顕微鏡による研究に乗り出した。この本はオランダのデルフト在住の織物商であったアントニ・ファン・レーウェンフックを奮い立たせたともいわれている。レーウェンフックの科学的経歴は、布地の質を検分するために拡大鏡を使ったことが始まりだったとみられる。彼は類を見ない高性能な顕微鏡（倍率は当時25倍が一般的であったのに対し、250倍もあった）を自ら設計、開発し、のちに彼のいう「微小動物（アニマルクル）」——多くが直径約1〜2μm（1μmは1mmの1000分の1）しかないバクテリア——を観察、記述した最初の人物となった。

排水から採取し、培養の難しい微生物の分離に役立つ血液寒天培地で培養したバクテリア。コロニーの色、形態、大きさがここにみられる約10種類の菌種同定の手がかりとなる。

こうした好奇心が強く、熱意にあふれ、知的に厳密な科学的探究者たちにより、顕微鏡研究の道具が改良されるとともにバクテリアを成長させる、つまり「培養する」手法が編み出され、これが微生物学という分野——バクテリア、藻類、真菌などの微生物の成長、ふるまい、特性に関する研究——の登場につながった。現在では、装置の倍率は100万倍以上になっており、顕微鏡観察法はバクテリアの形状やライフスタイルを明らかにすることでバクテリアの同定に役立っている。菌体には球状（球菌）、棒状（桿菌）、あるいはらせん状、湾曲状、付属器官を持つものなどがある。バクテリアの成長の仕方、かたまりの作り方からはさらなる情報が得られる。球菌は単独で存在することもあれば、対になったり（双球菌）、細長く連なったり（レンサ球菌）、塊状になったり（ブドウ球菌）することもある。このような名称は菌種を検討する場合に非常に有用である。例えば咽頭炎の原因となる化膿性レンサ球菌（*Streptococcus pyogenes*）という名称は、このバクテリアが小球が細長く連なった状態で生存していることを示している（学名の後半は記述子を示し、この場合は「膿を生み出す」の意）。同様に、表皮ブドウ球菌（*Staphylococcus epidermidis*）（皮膚の至るところにいる）は小球の塊として、枯草菌（*Bacillus subtilis*）（土壌中によくみられる）は棒状の菌体として現れる。個々のバクテリアには、それぞれ細胞膜の外側に尾のような構造の「鞭毛」を持つものもおり、1秒間に最大40μm——バクテリアの体長の約10倍——移動するのに役立てている（人間なら同じ時間で水泳プールを泳ぎ切るのに相当する）。鞭毛もバクテリアの種を示唆する。種によっては鞭毛が菌体全体の周囲に広がっているものもいれば、一本鎖の尾を持っていたり、尾が片側に集まっていたりするものもいる。こうした分子モーターは小さな菌体が微小世界を進むのに役立ち、誰でも簡単な顕微鏡で観察することができる。

個々のバクテリアは小さく透明なため、その複雑な構造の詳細を視覚化することは難しい。このため科学者は、より確実に同定できるようバクテリアの各部をしばしば「染色」、つまり着色する。実際に、レーウェンフックは、サフランを利用してコントラストを高め、微細な細胞構造をはっきり観察できるようにした最初の人物とされている。レーウェンフックの時代以降、科学者は、一部の菌種のみが取り込む色素から、菌内の特定の種類の分子（超分子構造の鞭毛など）と結合する色素まで、バクテリアが示す色素分子との相互作用を利用するさま

（右ページ、上）
一般的な病原菌の一種である緑膿菌（*Pseudomonas aeruginosa*）の単一コロニーがセトリミド寒天培地上に見える。培地上の抗菌分子が他のバクテリアの成長を抑制している。

（右ページ、下）
ヘクトエン・エンテリック（HE）寒天培地で培養した大腸菌。この寒天培地の指示薬と選択剤により、腸を侵す特定の腸内病原菌の同定が可能になる。

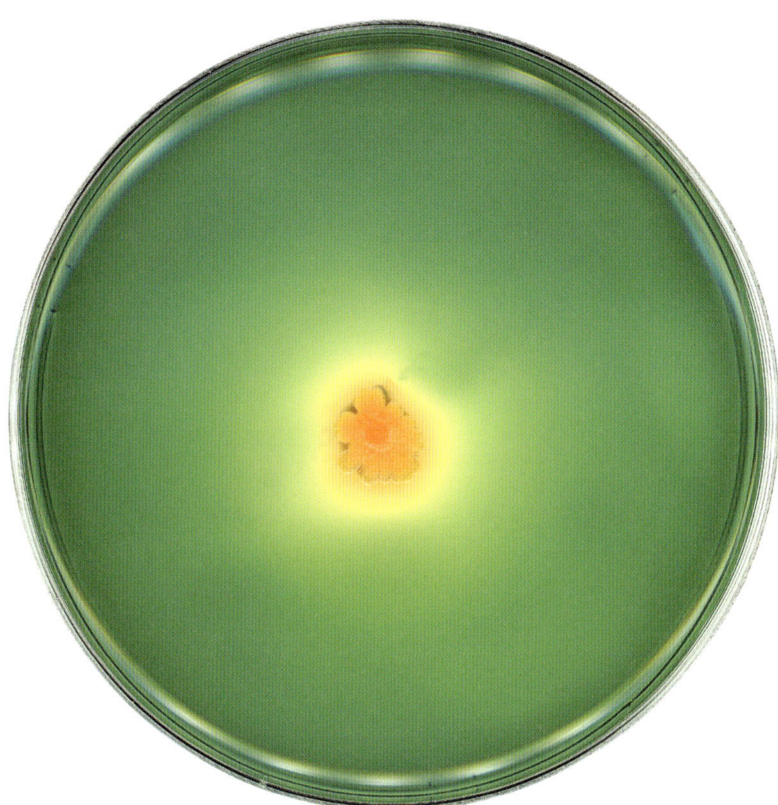

ざまな方法を開発してきた。広く知られている実例にグラム染色がある。この方法は大腸菌（*Escherichia coli*）などの「グラム陰性」菌を、バチルス菌（*Bacillus*）（多くの腸内有益菌(プロバイオティクス)）などの「グラム陽性」菌と区別するのに役立つ。

混じり合ったバクテリア群集からあるバクテリアを分離、つまり区別することは、同定プロセスにおいて極めて重要である。1887年の、ロベルト・コッホ研究所の研究者であったユリウス・ペトリによるペトリ皿の開発は重要な進歩だった（コッホは病原菌説を確立して特定のバクテリアと特定の病気を結びつけ、結核、コレラ、炭疽を引き起こすバクテリアを発見した）。微生物学者たちは長年にわたり、環境中に生息するバクテリアが培養物中に入らないように苦労していたが、ペトリは覆いとなるふたを持つ皿を開発し、汚染菌が入りにくいようにする一方で、酸素を通せるようにしたのだ。さらに、皿の中のバクテリアは上下逆さまにしても成長させることが可能で、汚染リスクをさらに低下させるだけでなく、水分の凝結を防ぐこともできた。

本書掲載の培養で使われるペトリ皿はほとんどが標準的な直径10センチのものである。第8章では一部正方形のものがあり、うち何枚かはサイズが大きい（幅30センチ）。ペトリ皿の基本構成要素には寒天を含む温かい液体があり、この寒天はある種の紅藻などの海藻から作られるゼリー状の物質である。バクテリアが成長できるように、多くの場合ペプチド、ビタミン類、塩類、無機物からなる栄養素をこの混合液に加え、溶解させる。その後高温で熱し、微生物を残らず殺して滅菌する。最初はルイ・パストゥールが開発した方法（低温殺菌法(パスツリゼーション)）で行われていたが、近年ではさらなる高温を生み出して回復力の強い胞子を残らず殺すために高圧滅菌器(オートクレーブ)が使われている。その後、滅菌混合液を冷まし、ペトリ皿に注いで固化させる。

ダニノラボでは一般に溶原培地（LB）を用いる。これは黄色味を帯びた栄養豊富な培地で、大腸菌などのバクテリアの培養に使う。こうした栄養素と寒天の混合液を室温まで冷ますと、バクテリアが成長する固形のゲル表面が形成される。しかし、とりわけ体内で成長する菌などで、他の栄養素を好むバクテリアも多い。こうしたいわゆる偏好性（「えり好みする」）細菌向けの別の栄養素として血液寒天培地がある。これはヒツジやウシの血液をわずかに含むもので、印象的な赤色をしている。チョコレート寒天培地として知られる培地は、血液寒天培地を加熱してバクテリア用にさらなる栄養素を放出させたものであり、褐色をしている。ジャガイモ寒天培地はジャガイモをゆでてすりつぶし、ブドウ糖と寒天を加えて作るもので、真菌や一部のバクテリアの培養に用いられる。他にも酸素の少ない条件（大腸など）でのみ自然に成長できる菌種もおり、研究室で専用の調整を行うだけでなく、低酸素環境でペトリ皿を培養することも必要になる。さらに培養できない菌も多く、ペトリ皿ではまったく成長しないものもいる。

特定のバクテリアを分離するために、試料を「画線培養（かく せんばいよう）」と呼ぶ方法によりペトリ皿の中で希釈する。滅菌した綿棒などの棒で試料（環境から採取した水や人体の一部）に触れ、ペトリ皿のゲル上の一部に広げる。次に新しい棒で皿の上の最初の試料に触れ、皿の別の部分に「画線」する。このやり方を繰り返すことで、各段階で最初の試料が希釈されてそれぞれの「画線」に含まれるバクテリアの数が減り、単一の菌種が複製し、実質的に自らをクローン化してコロニーを形成できるようになる。そうなればこのコロニーを容易に採取し、栄養素を含むブロスで培養してさらなる研究に使うことができる。

寒天培地によってはある種の菌のみが成長できる栄養素を含むものがあるため、特定のバクテリアの分離、同定に利用することが可能だ。例えばセトリミド寒天培地はシュードモナス属（*Pseudomonas*）の菌を選択する。他にHiCromeやMRS（De Man-Rogosa-Sharpe）寒天培地、ヘクトエン・エンテリック（HE）寒天培地、さらに数十の種類がある。生存度の確認や生存率の測定を容易にするために、ペトリ皿に微生物用の色素を加えることがある。変色させたり、蛍光を発させたりすることで、研究者はバクテリアの代謝過程を測定する。他にも特定の代謝酵素が存在する場合に活性化する色素があり、例えばラクトースを代謝する酵素の能力を、色、蛍光性、明度といったいろいろな現れ方で研究者に伝える。色素や添加物は寒天培地の染色にも用いられる――例えば前述の血液寒天培地や活性炭を含む黒色寒天培地などがあり、後者は背景のコントラストを高めてコロニー形成の遅い微生物や、形成されるコロニーが小さい微生物の検出力を高める。

最後に、コロニーの形態それ自体がバクテリア同定の鍵となる。コロニーは多くの場合円形、つまり放射

（右ページ、上）
ペトリ皿のヘクトエン・エンテリック寒天培地の中心から放射状に腸球菌（*Enterococcus*）のコロニーが成長している。

（右ページ、下）
土壌から分離し、黒色寒天培地で培養した枯草菌の単一コロニー。ここでは成長培地によりコントラストが高まることで、コロニーの特徴が際立っている。

状に対称的に拡大する。しかし菌が起こす相互作用（第3章で詳しく取り上げる）のために、不規則になったり、非対称的になったり、糸状になったり、まばらになったり、密なコロニーを形成せずに成長して外側に広がったりすることもある。横から見ると、同じようなコロニーの盛り上がりでも平らだったり、凸状になっていたり、でこぼこがあったりする。光の反射の仕方もさまざまで、光沢を持つもの、不透明なもの、透明なもの、色素性のものがあり、外側へと成長するにつれてコロニーの表面や縁に変化が生じる。こうしたコロニーの形態は多くを物語るが、形態のみに基づいて菌種を同定することがなおも難しい場合がある。このため、現代的な同定手法ではDNAの配列決定を用いることが多い。コロニーの菌種は、ほぼすべてのバクテリアが持つゆっくり進化する遺伝子（16S rRNA）の違いに基づいて同定することができる。この遺伝子の配列を決定し、参考データベースに収集されている配列と照らし合わせることで、少なくともだいたいの同定を行うことが可能だ。採取した分離菌に一致する既知の配列がないことも多いが、近縁菌や同じ系統群の菌を同定することはできるのだ。さらに徹底的な同定を行う場合は、バクテリアの全ゲノム配列を決定する方法がある。

菌種の特性を明らかにするプロセスは、数世紀におよび、現在も続く科学研究と学際的ブレークスルーが連なる道のりである。そして芸術（アート）も重要な役割を果たしてきた――『ミクログラフィア』に掲載されたロバート・フックの版画は多くの分野で科学者の想像力をかきたてるのに大きな役割を果たした。アルバート・アインシュタインはその生涯を通じて、こうした芸術と科学の交差点について思索し、偉大な科学的業績がいかに直感的な知識――それはしばしば芸術と結びついている――から始まることが多いかを認めている。彼が言うように、「偉大な科学者は常に芸術家でもある」のだ。

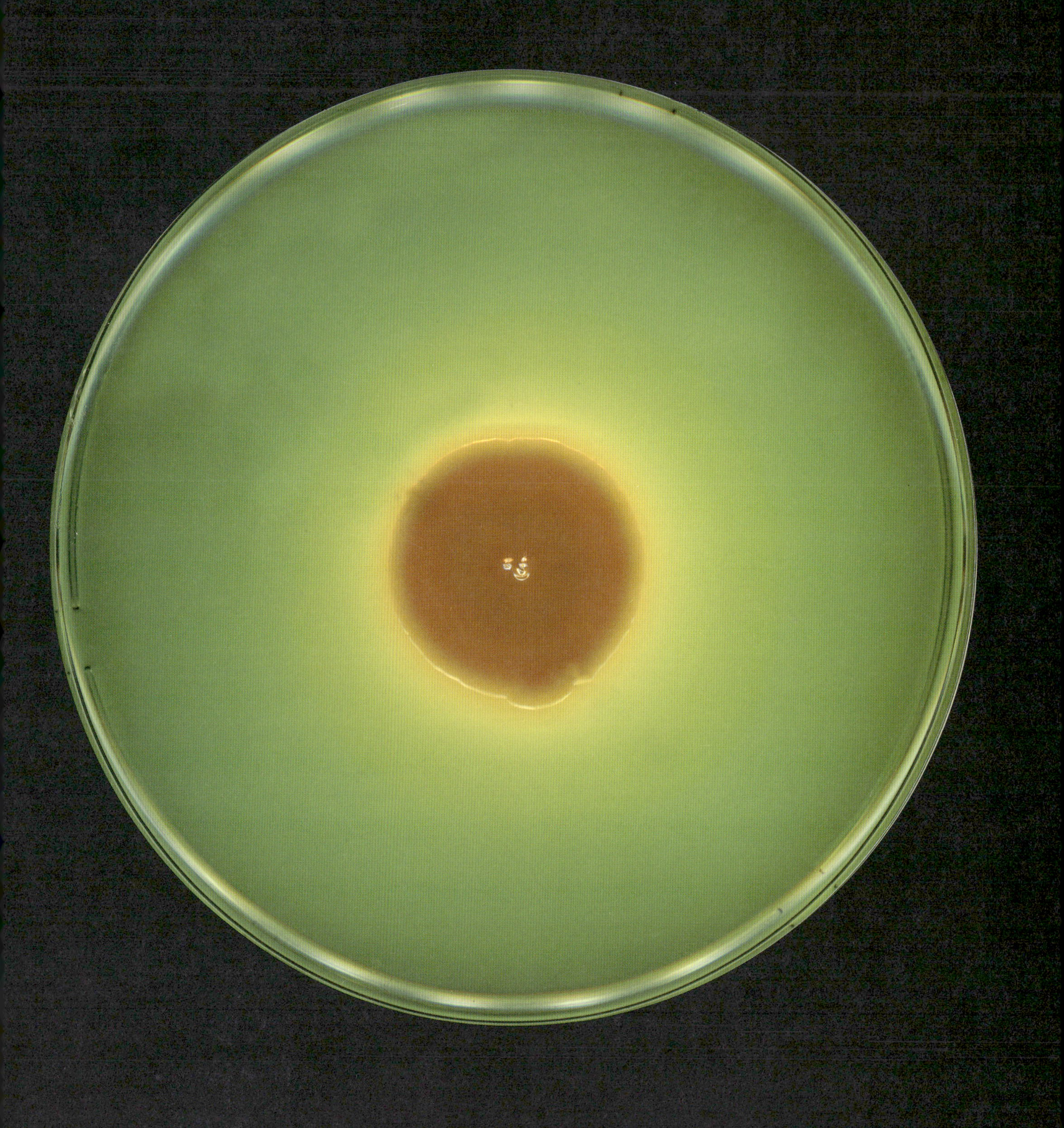

ヘクトエン・エンテリック寒天培地上のエンテロコッカス属の菌

ヘクトエン・エンテリック寒天培地上の緑膿菌

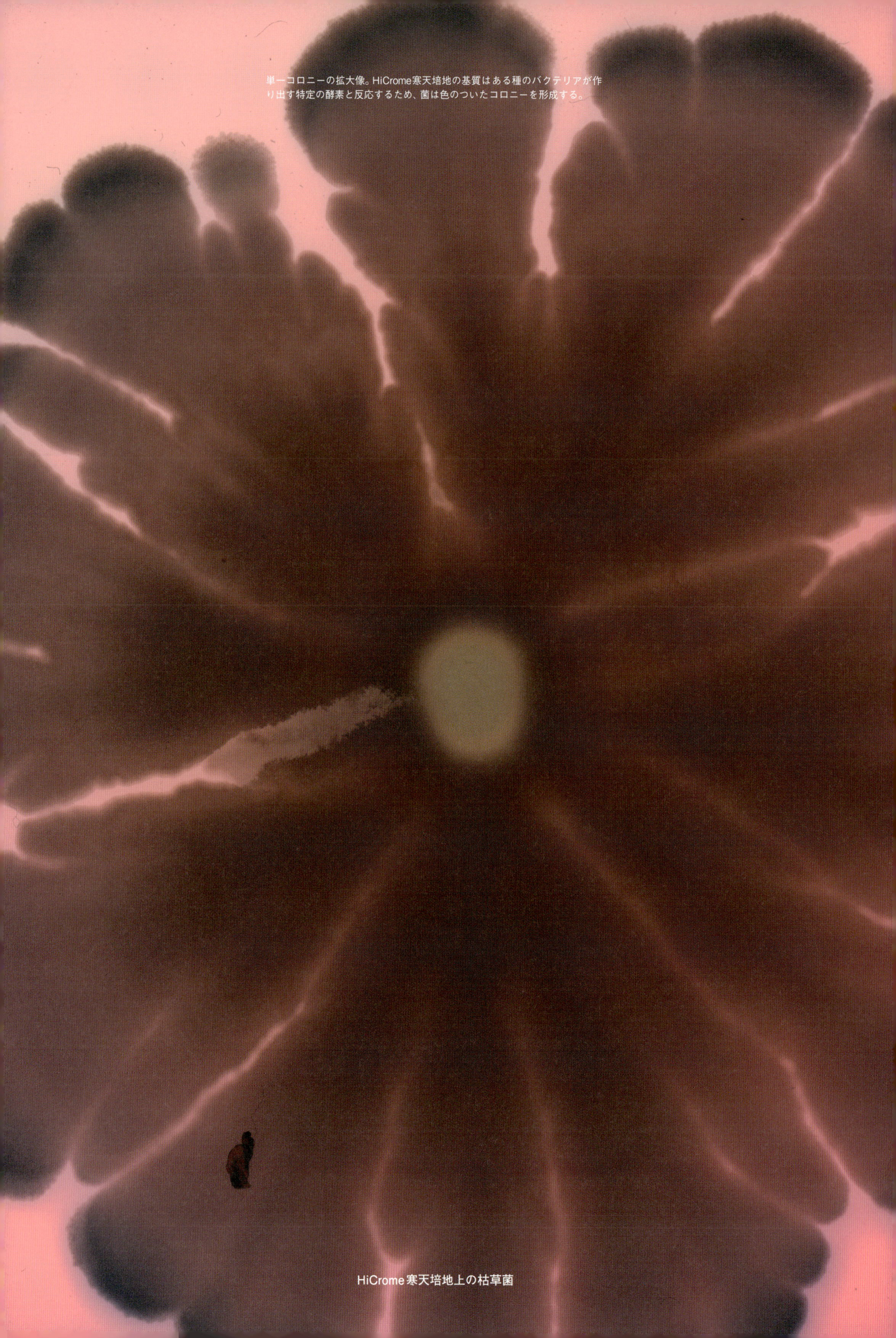

単一コロニーの拡大像。HiCrome寒天培地の基質はある種のバクテリアが作り出す特定の酵素と反応するため、菌は色のついたコロニーを形成する。

HiCrome寒天培地上の枯草菌

この菌種は一般に土壌中で成長する。ここでは、菌がかたまりとなって
移動する特有のスウォーミング（遊走）形態を生じている。

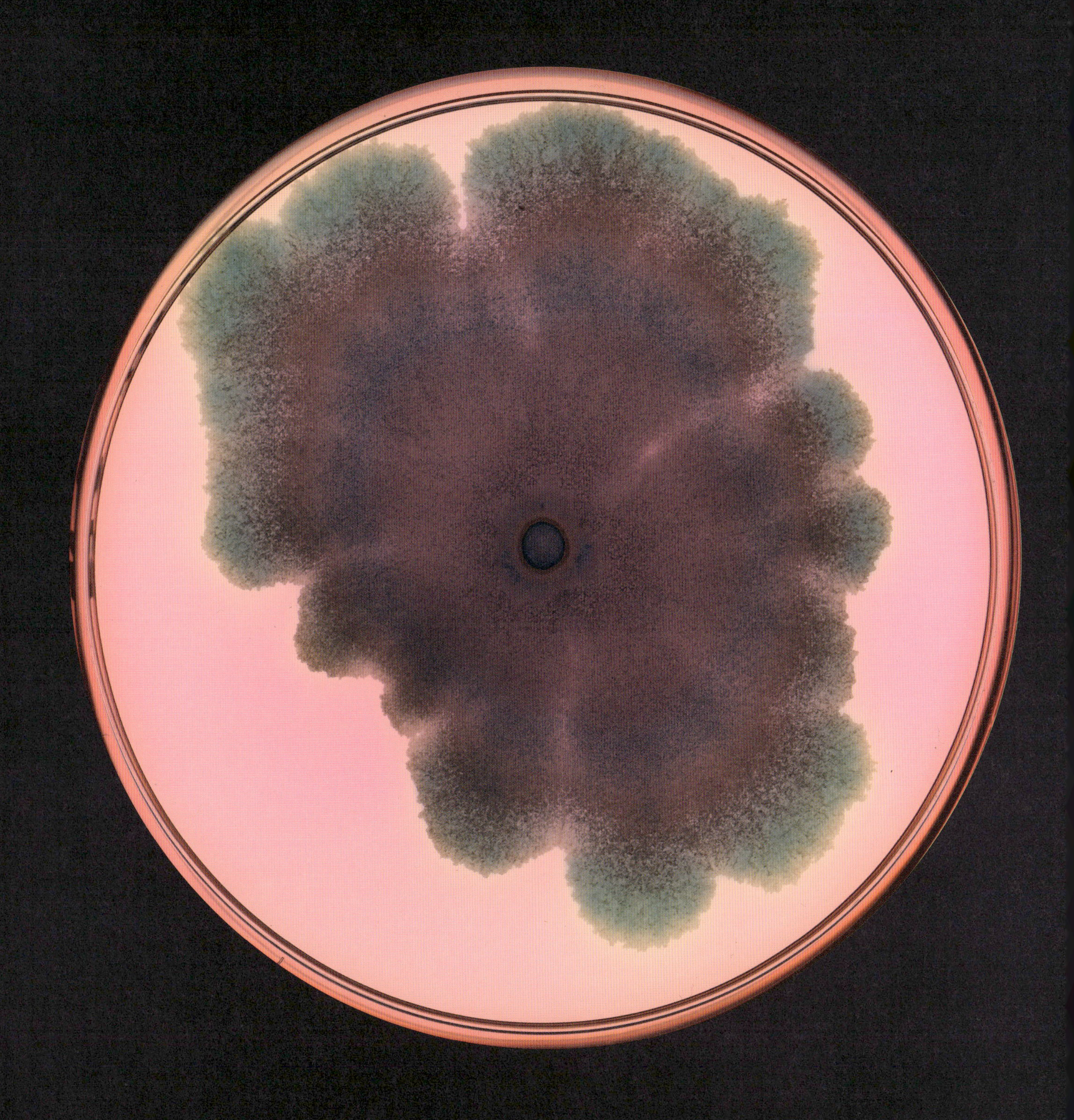

HiCrome寒天培地上のバチルス・ミコイデス

（上から下、左から右へ）池の水／ムンバイで採取した水／植物からの分離菌／排水／ムンバイで採取した水／庭土

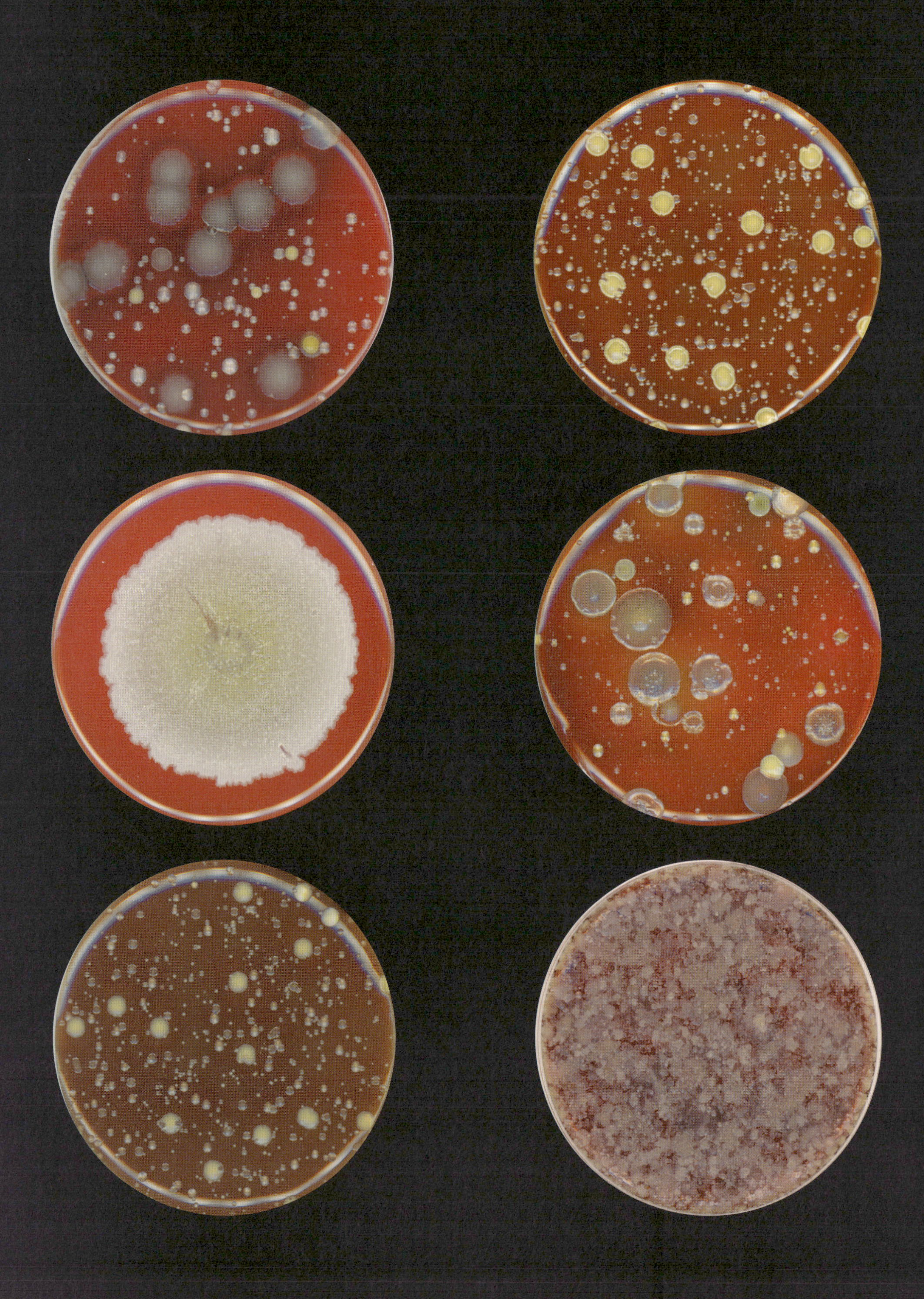

血液寒天培地上のバクテリア

（上から下、左から右へ）大腸菌／カリフォルニア州ヴェニスビーチ、砂／排水からの分離菌／排水からの分離菌／プロバイオティクスサプリメントからの分離菌／カボチャ栽培土壌からの分離菌

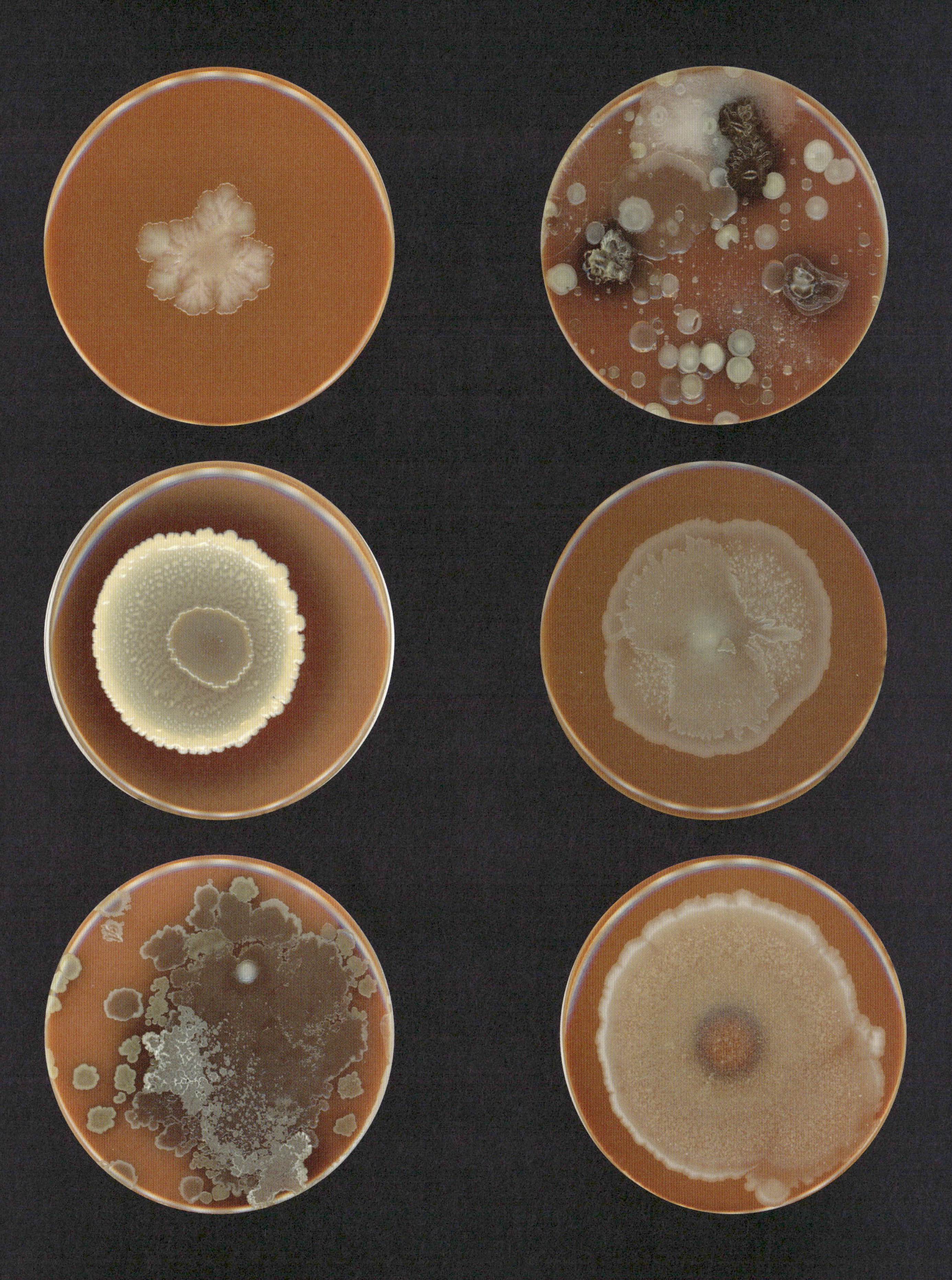

チョコレート寒天培地上のバクテリア

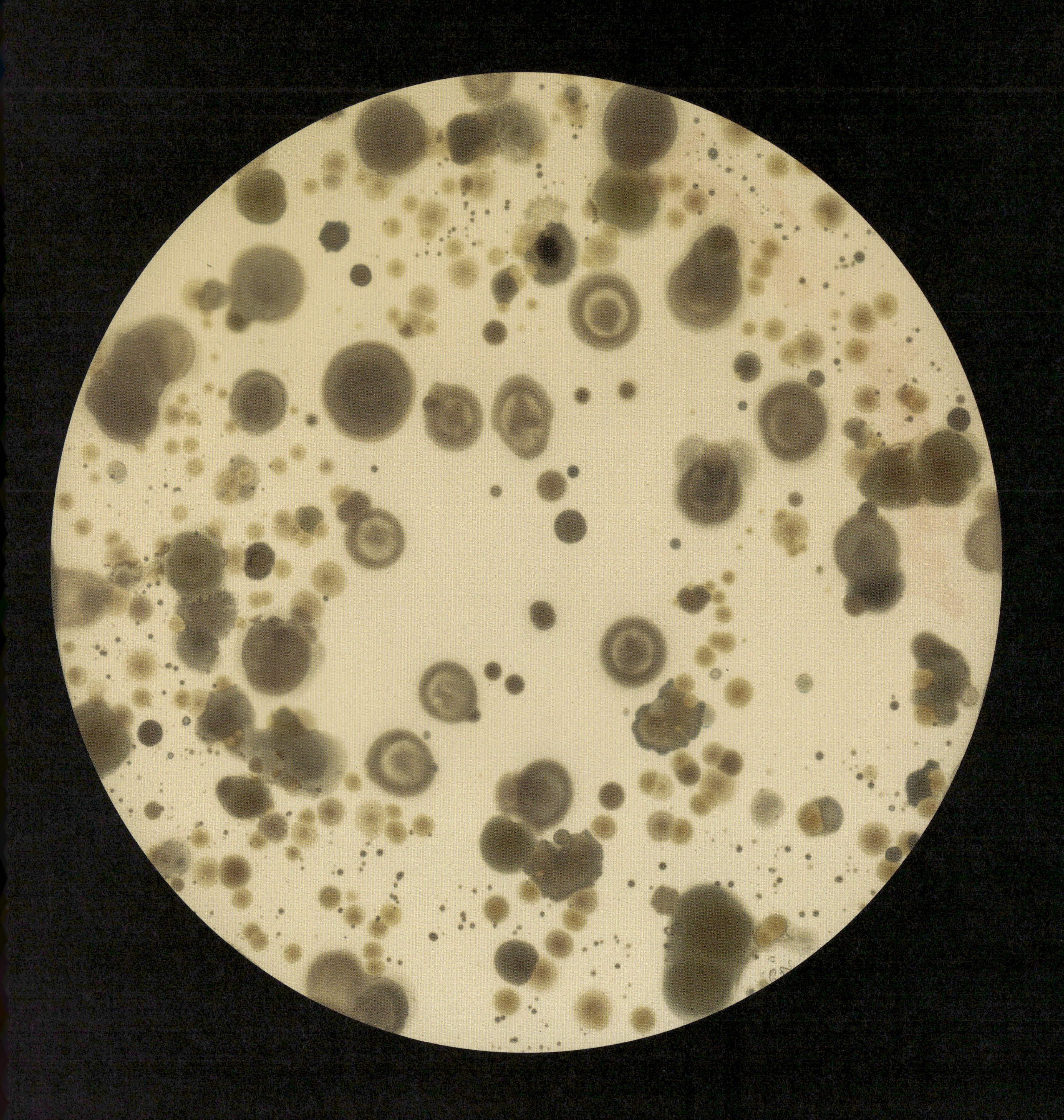

ジャガイモデキストロース寒天培地で培養した排水

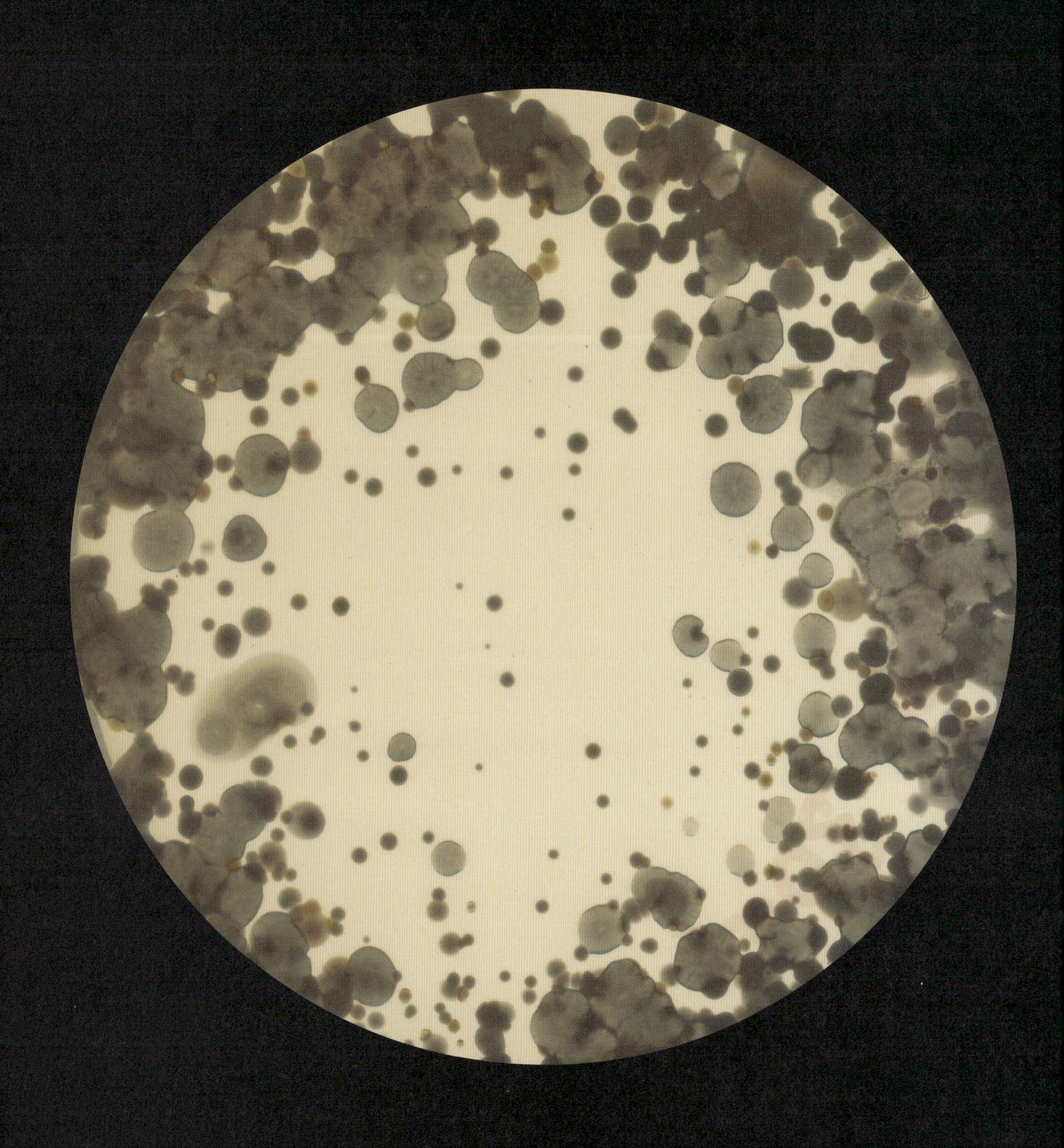

ジャガイモデキストロース寒天培地で培養したインド、ラージャスタン州の水

# 第3章
# 増殖と出現
## 単細胞から複雑なコロニーへ

大きさが人間の1000兆分の1にも満たないバクテリアが、どうして世界や私たちの体にこれほどまでに大きな影響を及ぼすのだろうか？　バクテリアは単独で行動するだけでなく、集団としてもふるまい、連携して――ペトリ皿で観察される驚くべき成長パターンのような――一定の行動を生み出す。見かけは単純な細胞ひとつだけの存在だが、個々のバクテリアは信じがたいほど複雑である。バクテリアは能動的に周囲の環境を感知して反応し、栄養素を代謝し、増殖し、環境中を移動する。だがバクテリアは個別に存在しているだけではない。集団としてもふるまい、互いに連絡を取り合って連携し、個々のバクテリアが取れる行動よりはるかに複雑な、非常に込み入った行動を生み出すことがあるのだ。

ひとつひとつのバクテリアはいくつかの重要な構成要素からなる。内部には代謝、成長、増殖に必要な分子や細胞構造からなる環境が含まれている。細胞膜はバリアの役割を果たし、物質が細胞から出たり入ったりするのを調節する。多くのバクテリアはこの膜上に鞭毛を持つ。これは長い糸状の付属器官で、回転して菌体を前進させる。菌によっては線毛――細胞表面からのびる毛様の構造で、物体の表面や他の菌に付着するのに役立つ――を持つものもいる。

バクテリアは鞭毛を尾のように回転させ、2種類の動きを生み出す。「直進運動」と「タンブリング運動」である。「直進運動」では、バクテリアは鞭毛による推進力で比較的直線的な経路をたどって動く。この動きは環境中を探索し、栄養素に向かって移動するのに役立つ。栄養素の存在は濃度の勾配によって感知している可能性がある。「タンブリング運動」では、菌は回転木馬のように不規則に回転するが、この動きは向きを変え、どちらに進むべきか見当をつけるのに役立つ。バクテリアはこの2種類の動きを合わせて周囲に対する反応を最適化しており、多くのバクテリアではこの動きは秒単位で生じる――つまりこのバクテリアの動きは、シンプルな顕微鏡を使ってリアルタイムで観察することができるのだ（数世紀前にレーウェンフックが観察したのとほとんど同じように；第2章参照）。

直進運動とタンブリング運動の組み合わせは液体環境の中では最も効率がよいが、ある種のバクテリアは、ペトリ皿などの個体やゲル状の表面を、「スウォーミング（遊走）」と呼ばれる別のタイプの動き方で移動することができる。スウォーミング運動は、複数のバクテリアが鞭毛を用いて物体の表面をすばやく移動する動きと定義できる――つまりバクテリアが凝集し、おそらくはピクピクしたり、すべったりして、物体の表面上を集団で移動する動きである。

固形寒天培地上で30℃で24時間培養したプロテウス・ミラビリス。ペトリ皿の中心部からの周期的なスウォーミングと休止によってコロニーの「牛眼状」パターンが生じる。

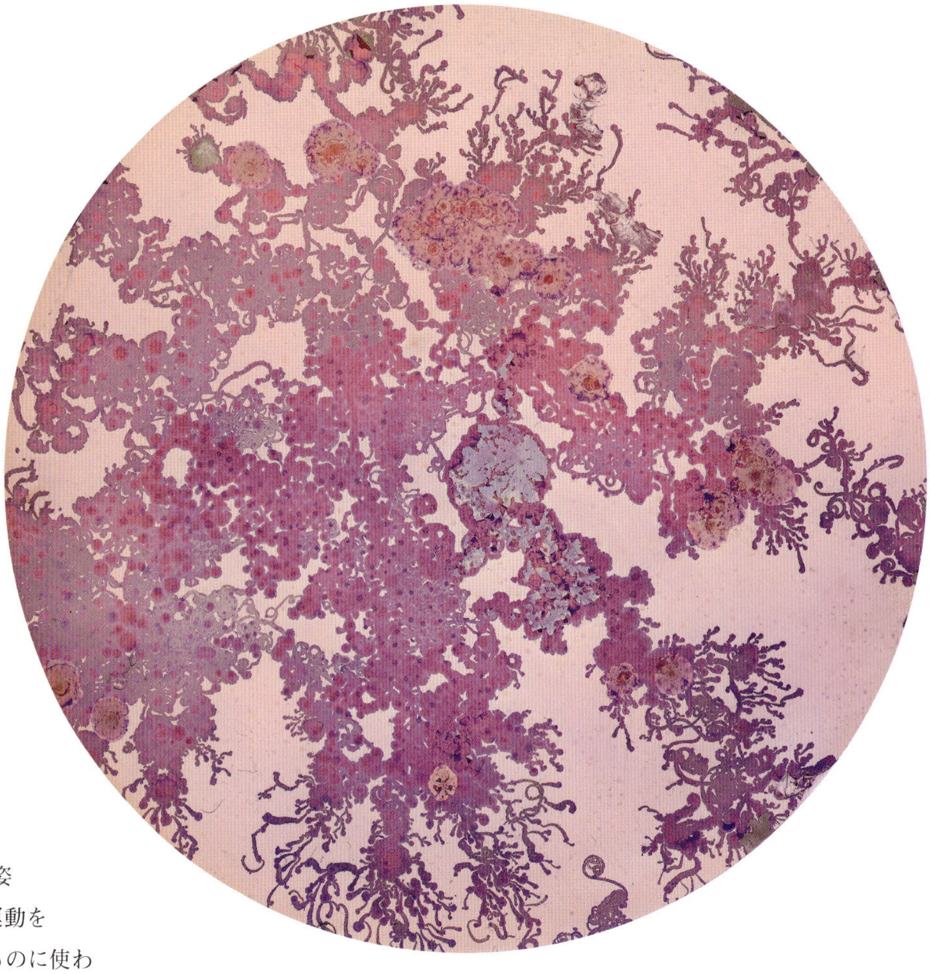

スウォーミングの妙技を見せるバクテリアにプロテウス・ミラビリスという菌がいる。その菌名は未来を予言する能力を持つギリシャ神のプロテウスにちなむ。ホメロスの『オデュッセイア』では、プロテウスはさまざまな場面で後を追われるものの、捕まらないように姿を変える。1885年という早い時期に、「プロテウス」という名前は、一般的なバクテリアの形状である短い棒状から長い多核細胞へと姿を変え、数千もの鞭毛を使って運動を連携させるバクテリアを記述するのに使われていた。プロテウス・ミラビリスは土壌中や水中に広く生息しており、人間の消化管の中にもいる。多くの病気の主因であり、とりわけカテーテル関連尿路感染（CAUTIs）のほぼ半数はこの菌が原因だ。

プロテウス・ミラビリスが独特である理由のひとつに、ペトリ皿で培養すると牛眼状パターンを形成する点が挙げられる。このパターンは、この菌が通常の棒状の細胞から「遊走細胞」へと逐次的に分化することでペトリ皿の表面を遊走する能力に関わりがある。遊走細胞は通常の細胞よりはるかに長く、多くの鞭毛を出し、菌同士でコミュニケーションを取り合う。またすばやく動けるように界面活性物質を分泌し始め、寒天培地の表面を滑りやすい状態に変える。次に鞭毛を束ねることで個々の菌が並んで「いかだ」状になり、物体の表面をすばやく移動する。数時間から数日かかるこの遊走が終わると、菌は通常の状態に戻り、動きが鈍り、密度の高いコロニーへと成長する。環状パターンは、最初のバクテリアコロニーがこのプロセスを周期的、同時的に繰り返すことで生み出されるのだ。

バクテリアの多くのスウォーミングと連携行動を調節しているのは、クオラムセンシングと呼ばれる一種の化学的コミュニケーションである。バクテリアのコミュニケーションに関する知見は、もともと太平洋の浅瀬に生息している夜行性のイカ、ハワイヒカリダンゴイカの観察から得られたものだ。このイカが夜間にえさを食べるために姿を現すと、月の光に照らされて海底に影が落ちるため、捕食者は容易にその動きを捉えることができる。これに対し、このイカは独特の器官を発達させて生物発光性のバクテリア、ビブリオ・フィシェリ（*Vibrio fischeri*）に隠れ場所を提供している。えさと住まいを得る見返りに、このバクテリアは蛍光を出す基質を作り出して光を発する。この光が月光とつり合うことで、下からイカの影が見えにくくなるのである。このバクテリアとの共生関係のおかげで、イカはさらなる「カムフラージュ」層を身にまとい、捕食者から効果的に身を守ることができるのだ。

他にも多くの菌種がペトリ皿の成長培地上で複雑なパターンを形成する。例えば緑膿菌などの土壌バクテリアは、一定の条件下でさまざまな形態へと誘

（左ページ）
米国カリフォルニア州の浜砂から分離されたパエニバチルス・ロータス菌。パターンを形成する条件下で培養し、食品着色料で染色している。

導することができる。緑膿菌はゲル表面上に均一に広がる大きな独特の触手（樹状突起または巻きひげとも呼ばれる）を示す。広がっていく過程で、個々の樹状突起は、分泌される2種類の分子の相互作用によってふくらみ、互いに反発しあうと考えられている。土壌中に生息するパエニバチルス属など、ペトリ皿の上で「フラクタル状」のパターンを形成するバクテリアもいる。具体的には、パターンを形成するふたつの菌種、パエニバチルス・デンドリティフォルミス（*Paenibacillus dendritiformis*）とパエニバチルス・ボルテックス（*Paenibacillus vortex*）は、共通する円軌道を移動する、局所的なバクテリア群集からなるらせん状のうず巻きを形成する。パエニバチルス・ボルテックスの場合、スウォーミングと生来湾曲している菌の形状が相まってこの特徴的なうず巻きパターンを生み出している可能性がある。パエニバチルス・デンドリティフォルミスの変種の中には、コロニーが「キラリティー」を示す、つまり時計回りか反時計回りのいずれか一方向のみにらせんを描くものがあるが、これはバクテリアの鞭毛の回転機構が原因となっているのかもしれない。

ダニノラボで本章に掲載した画像を生み出すにあたり、ペトリ皿の中心部にひとしずく分のバクテリアを付着させた（皿のどの部分に触れたかがわかる場合もある）。ひとしずくの中には約100万ものバクテリアがいることがあり、すばやく分裂を始めていわゆる娘細胞を生じる。私たちが使うほとんどの菌種は、37℃の環境で20～30分ごとにふたつの娘細胞へと倍加する。この最初のスポットはしばしば成長して密度が高くなり、その後一部の菌が外側へと動き始め、遊走するか成長により拡大していく。遊走パターンは個別の菌種、また温度、湿度、ゲル表面の密度によって変化する。

スウォーミングは、アリやミツバチの群れから魚群や鳥の群れまで、肉眼的世界でも多数みられる。そこに共通する特徴は、群集になった個体の集合行動——群集が生存のために連携できるようにする、中心がないが組織的な掟——である。こうした行動は、ムクドリの群れから緑膿菌の繊細な巻きひげに至るまで、幻想的な美しさを示す視覚的形態として現れることがあり、そのパターンは美しくシンプルな数式で記述される（アラン・チューリングによるものが非常に有名）雪の結晶の形成や動物の毛皮の模様を思い起こさせる。生きたバクテリアの場合、それぞれは遺伝子的に同じだが、ひとつの菌の中に複雑な相互作用を生み出す指示が含まれており、それが「インテリジェント」なふるまい、あるいは少なくとも個々の菌を見ていては容易に予想できない行動を生み出すのである。全体として、このような現象はバクテリアがその営みの中で個体性を超えて集合的知性を発揮する能力を示しているのだ。

（次ページ）
ペトリ皿上のプロテウス・ミラビリスの成長の微速度撮影写真。バクテリアが最初の場所から同一速度で外側に遊走しては休止し、この順序を繰り返すことで牛眼状パターンが生じている。

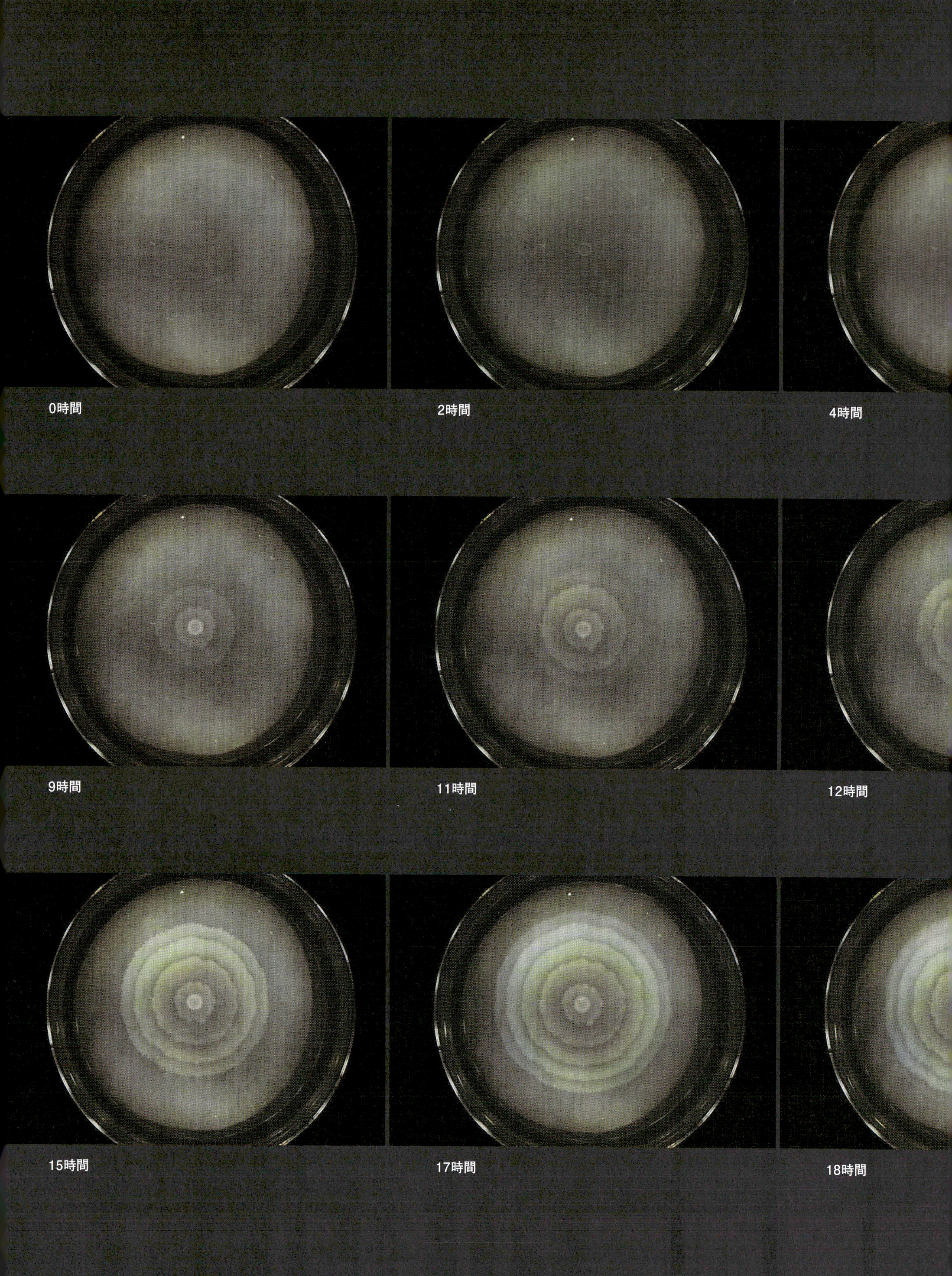
0時間
2時間
4時間
9時間
11時間
12時間
15時間
17時間
18時間

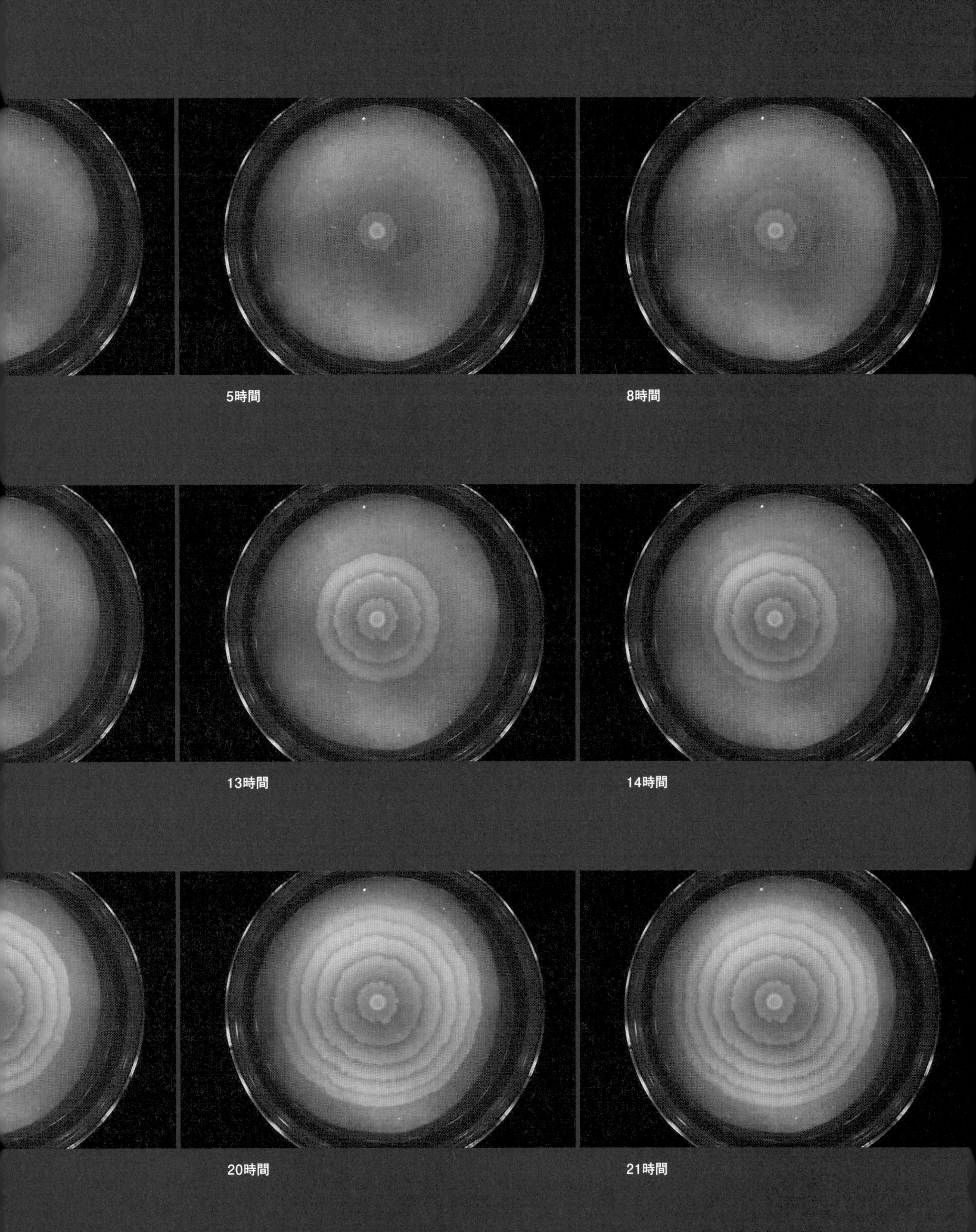
5時間
8時間
13時間
14時間
20時間
21時間

スウォーミングを抑制する余分なタンパク質を作り出すよう遺伝子操作されたプロテウス・ミラビリス。このため「とげの多い」環状パターンが生じている。

プロテウス・ミラビリスのスウォーミング現象が時計のように時を刻み、一貫してリングを形成することから、成長中の樹木が幹の年輪に情報を刻み込むのと同じように、一種の記録システムとして応用できる可能性が示唆される。*P. mirabilis*は、水質汚染物質である銅などのさまざまな刺激を感知し、スウォーミング過程を変化させるよう遺伝子操作することが可能だ。その結果を視覚化のために染色することで、汚染物質の濃度に関する情報をペトリ皿に視覚的に「書き込む」ことのできるシステムが得られる。

(本ページと次ページ)
ペトリ皿で培養し、さまざまな色で染色したプロテウス・ミラビリス菌のコレクション。それぞれの菌は、スウォーミングのパターンに影響を与える余分なタンパク質を作り出すよう遺伝子操作されている。

米国カリフォルニア州の浜砂から採取し、分離した2種類のパエニバチルス属の菌。
これらの菌は遊走するうちに、「フラクタル状」のパターンで局所的な房を形成する。

この緑膿菌の巻きひげの特徴的な成長パターンは、菌同士がひきつけ合ったり、反発し合ったりすることで生じている。条件を変えることで、この菌を「誘導」してさまざまな形態を生み出すことができる。

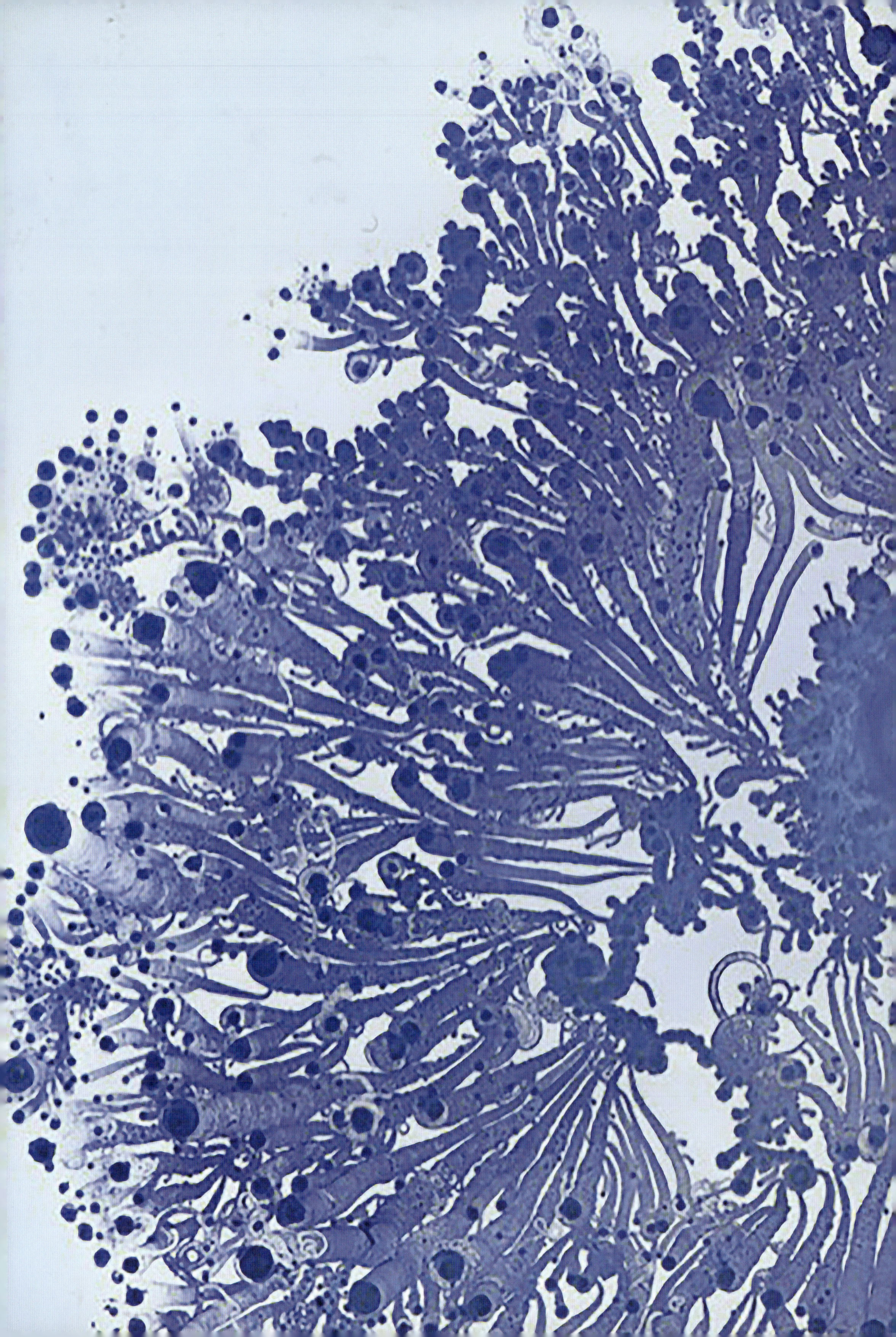

砂から分離し、ペトリ皿で培養したパエニバチルス・ロータスが複雑なコロニー構造を形成している。

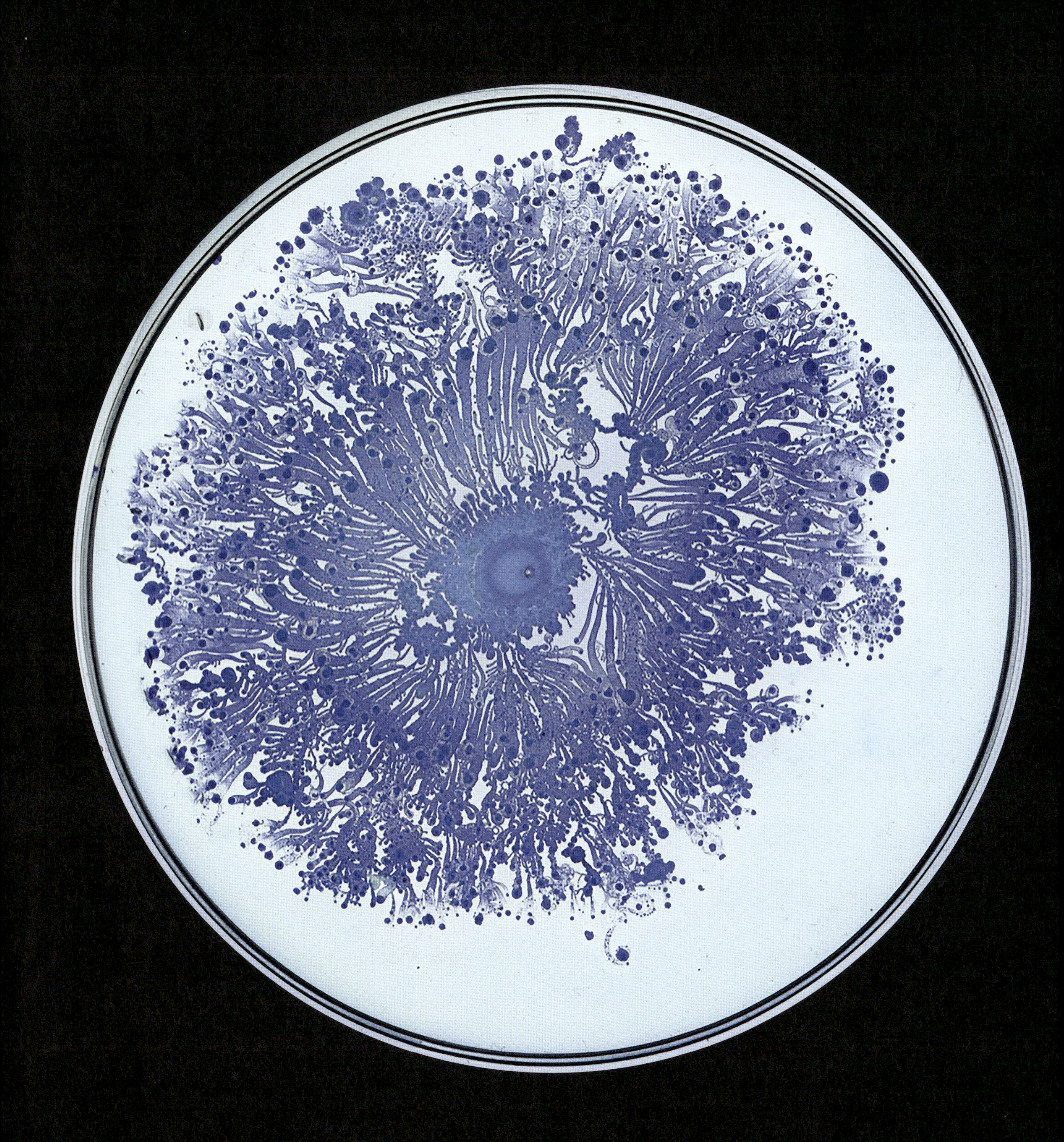

ひとつひとつの生物を小宇宙
――想像もつかぬほど微小かつ天に存在する星の数ほど多い、
自己増殖する多数の生物から形成される小さな宇宙――
として見る必要がある。

チャールズ・ダーウィン、『家畜・栽培植物の変異』(1868年)

# 2

# 私たちの中の
# バクテリア

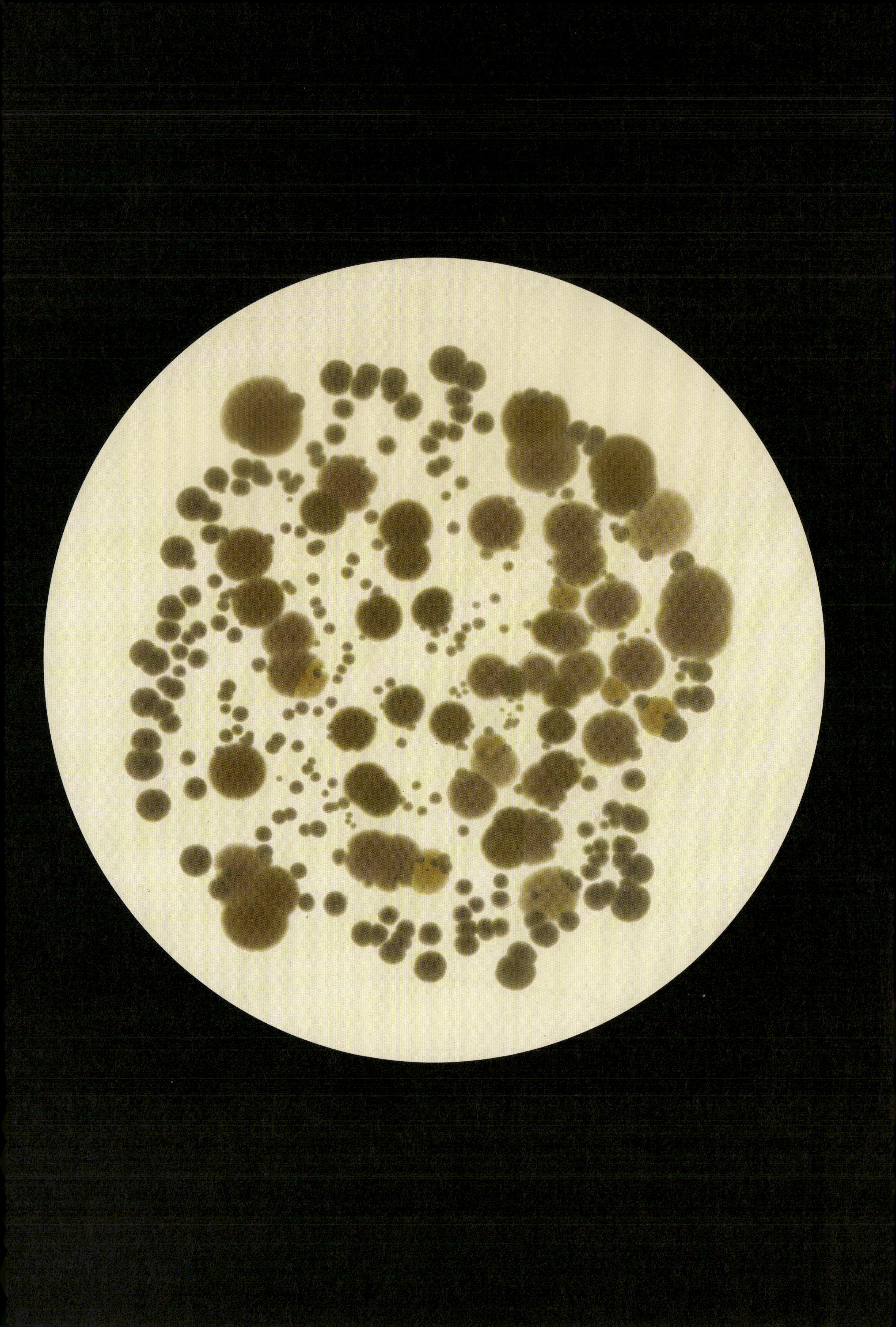

# 第4章
# 最初の出会い
## 生まれる前

私たちの体内と体表には何十兆もの――私たちの銀河系の星の数よりはるかに多い――バクテリアがいる。体表にいる微生物の大半はバクテリア（99%以上）だが、私たちの生存にとって幸いなことに、ヒトの体が出会うバクテリアのほとんどは一般に病気を引き起こすことはない。私たちの体はこうした細菌叢（マイクロバイオータ）にとって豊かな環境をもたらし、細菌叢の集合的遺伝子は、私たちの腸内や皮膚上のものなどの多様なマイクロバイオームを構成している。ヒトは生涯を通じてこうしたあふれかえるようなバクテリア群集を抱えていくのであり、私たちはその影響に自分の親と会うよりも前に出会っているのだ。

私たちが最初にバクテリアにさらされるのはいつだろうか？　この疑問はそのまま科学界で議論されてきた。1900年にはフランスの小児科医、アンリ・ティシエらが子宮内にいる赤ちゃんは無菌であると断言している――これは、無菌でなければ胎児はバクテリアに攻撃されて生き延びることはできないだろうという、当時の研究に基づく彼らの主張を踏まえれば、論理的な帰結である。近年になると、一部の研究者が胎盤、羊水、胎便（胎児が出す初期の便）中にバクテリアが存在することを（DNAによる測定、場合によってはバクテリアの培養により）示す研究を行っている――この知見については決定的なものではないとする研究者もいる。だが子宮内でバクテリアにより作り出されたものと最初に遭遇していることを示唆する証拠は増えつつある。

母体の腸内にいるバクテリアは、その成長周期の中で、糖分子を消費し、代謝産物と呼ばれる老廃物の分子を作り出す。この分子は小さいため、母体の腸から血流へと入り込み、胎児まで届く。こうした分子は発育中の胎児とその免疫系の発達に影響を及ぼす。例えば母体の細菌叢が作り出す酢酸分子は胎児の免疫系に「刻印を残し」、それが後の人生での免疫応答を方向づけ、強める（この場合、成人における制御性T細胞の生成に影響し、喘息を生じにくくする）ことが示されている。

私たちが最初にバクテリアに大々的にさらされるのは誕生の際である。赤ちゃんが生まれるとき、その体は接触する環境を通じて、母親の膣管にいる微生物、あるいは帝王切開の場合は皮膚や環境中にいる一般的な微生物のいずれかの形で直接バクテリアにさらされる。経膣分娩で生まれた乳児の皮膚と腸には、最初に母親の膣の細菌叢に含まれるラクトバチルス（*Lactobacillus*）属の菌種（乳酸菌類）が豊富に存在することが多い。ラクトバチルスは醗酵により乳酸を作り出す桿菌の属である。この菌はヒトの消化管によくみられ、腸の健康と消化に良い影響を与えることで知られる（また醗酵食品やプロバイオティクスサプリメントの製造でも広く利用されている）。対照的に、帝王切開で生まれた赤ちゃんの皮膚や腸には、ブドウ球菌（*Staphylococcus*）属、レンサ球菌

母乳から採取して3日間培養した試料。色や形態の多様性が皮膚、乳、環境中のマイクロバイオームに含まれる多数の菌種を示している。

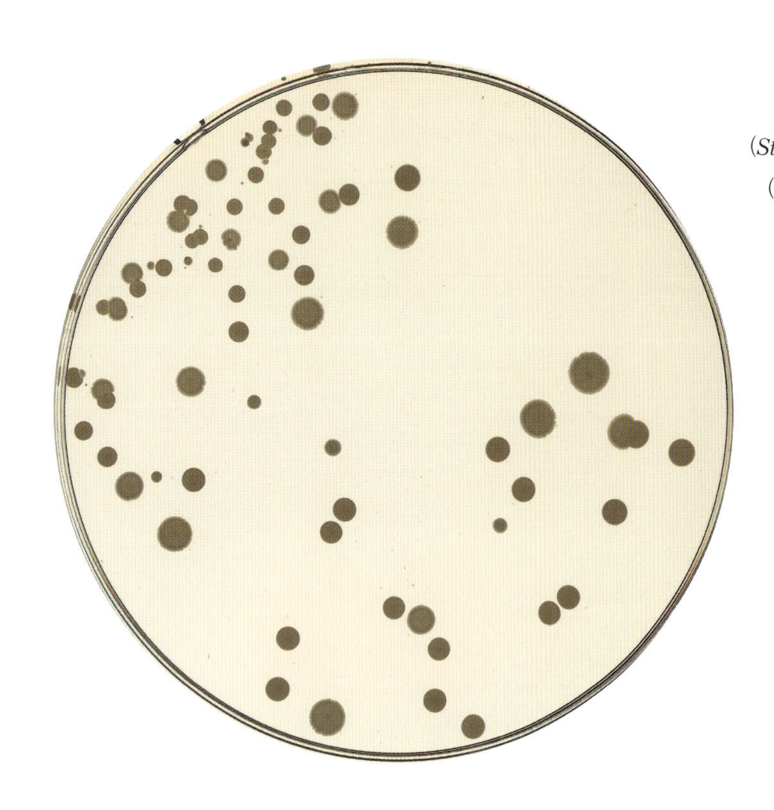

(*Streptococcus*) 属、プロピオニバクテリウム (*Propionibacterium*) 属などの、皮膚や環境にいるより一般的なバクテリアがみられる。これらの属に含まれる菌は一般に通常のヒトの細菌叢の一部をなしているものだが、条件によってはさまざまな感染症の原因となることもある。乳酸菌であれ、ブドウ球菌であれ、これらのバクテリアは無菌環境に登場する先駆種であり、栄養を求め、コロニーを形成し、何世代ものバクテリアを生み出し、その細菌叢は子どもが成長する中で他のバクテリアと接触し、免疫系を発達させるにつれて多様性を高める。

先駆的菌種には順応性があり、しばしば酸素の少ない条件でも多い条件でも成長することができる(通性嫌気性菌と呼ばれる)。これらの菌種は酸素を使い尽くし、一種の「微生物遷移」の形で、酸素に耐えられない菌種(偏性嫌気性菌と呼ばれる)が成長する条件を準備する。ペトリ皿で細菌を培養する場合、バクテリアは酸素にさらされており、このためすでにある意味で観察されるバクテリアの種類を事前に選んでいることになる(バクテリアを酸素のない、あるいは少ない条件で培養することも可能だが、技術的には難しくなる。膣から採取した試料を酸素の多い条件と少ない条件で培養した例を左に示す)。こうした先駆種たちは生後数週間で赤ちゃんのマイクロバイオームの

酸素のある(好気)条件(上)と、酸素のない(嫌気)条件(下)で培養した膣試料。これらのペトリ皿は母体の膣の細菌叢によくみられる独特な嫌気性菌を示している。

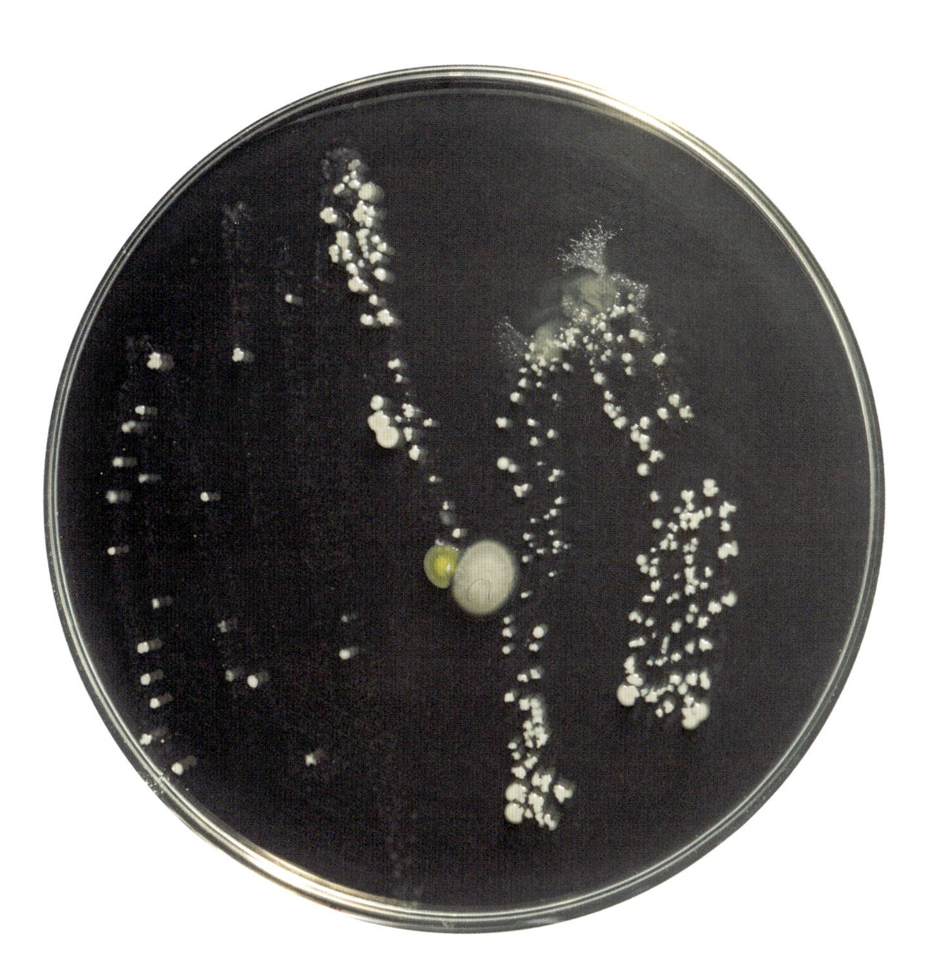

母親の乳首から採取した試料は、通常のヒトの細菌叢に含まれる表皮ブドウ球菌などのバクテリアを示している。

始まりとなり、さらに多様なバクテリア群集のための道を開き、登場した群集は体の特定の部分に定着する。

最も劇的な変遷は誕生後まもなく生じるが、このとき乳児の消化管のマイクロバイオームは一変する。その一因は赤ちゃんが食べるものの中にある。じかに母乳を与えると、母親の皮膚や母乳を通じて、ブドウ球菌属、レンサ球菌属、ラクトバチルス属、ビフィドバクテリウム（*Bifidobacterium*）属（ビフィズス菌）などのバクテリアが移動し、赤ちゃんの腸をバクテリアであふれさせる。母乳に含まれるバクテリアの多様性は信じられないほどであり、その種類は200種を超える。こうしたバクテリアは、病原体にさらされにくい腸内環境を生み出すのに役立つ。

新生児のおむつから採取した試料からは、初期の生着菌であるビフィズス菌が見つかる。これは生後数ヵ月の乳児の腸内で優勢なバクテリアである。こうした菌種は乳児の腸への適応がよく、他の、場合によっては危険性の高いバクテリアと競合し、乳児を病原体から守る役割を果たすだけでなく、母乳に含まれる複雑な糖類を分解するのにも役立つ。とりわけビフィドバクテリウム・インファンティス（*Bifidobacterium infantis*）は独特の進化を遂げた菌種であり、母乳や一部の乳児用調合乳に含まれる、数個の単糖がつながって鎖状になったヒトミルクオリゴ糖（HMO）を与えられるとすばやく成長する。しかしこのバクテリアがヒトの腸内にいる時間は短く、赤ちゃんがHMOを含む食事を取るのをやめると死滅してしまう。

赤ちゃんが固形食を食べ始めると、腸内マイクロバイオームは再び劇的に変化し、安定度を増したバクテリア群集となる。1歳になるころには、優勢だったビフィドバクテリウム属はクロストリジウム（*Clostridium*）属、バクテロイデス（*Bacteroides*）属、ビフィドバクテリウム属が入り混じったものに道を譲る。ファーミキューテス（*Firmicutes*）門（2021年に異論を出されつつもバチロータ［*Bacillota*］門に名称変更された）の菌が増えてくる

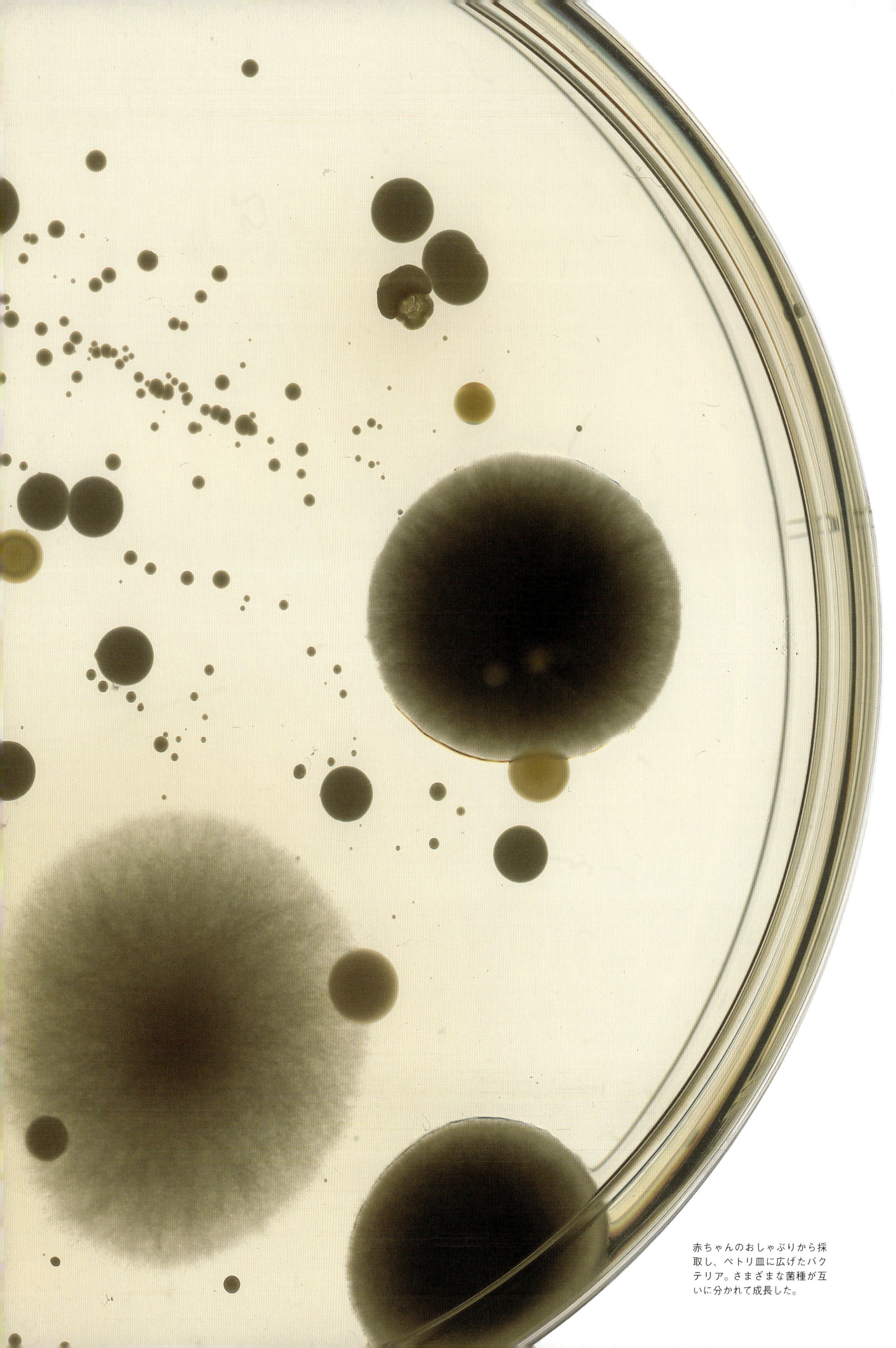

赤ちゃんのおしゃぶりから採取し、ペトリ皿に広げたバクテリア。さまざまな菌種が互いに分かれて成長した。

育児習慣は新生児にとってのバクテリアの自然の供給源だ。例えば赤ちゃんのおしゃぶりを吸ってきれいにするやり方に、乳児の特徴的な口腔細菌叢との関連があることが指摘されている。184家族を対象とした研究では、親に子どものおしゃぶりを吸ってきれいにする習慣があった場合、その子どもは生後18ヵ月の時点でそうした習慣のない親の子どもより喘息、湿疹、感作が少なかった。このことはおそらく乳児に私たちのバクテリアを与えるのはいいことだという考え方を裏づけるものである。

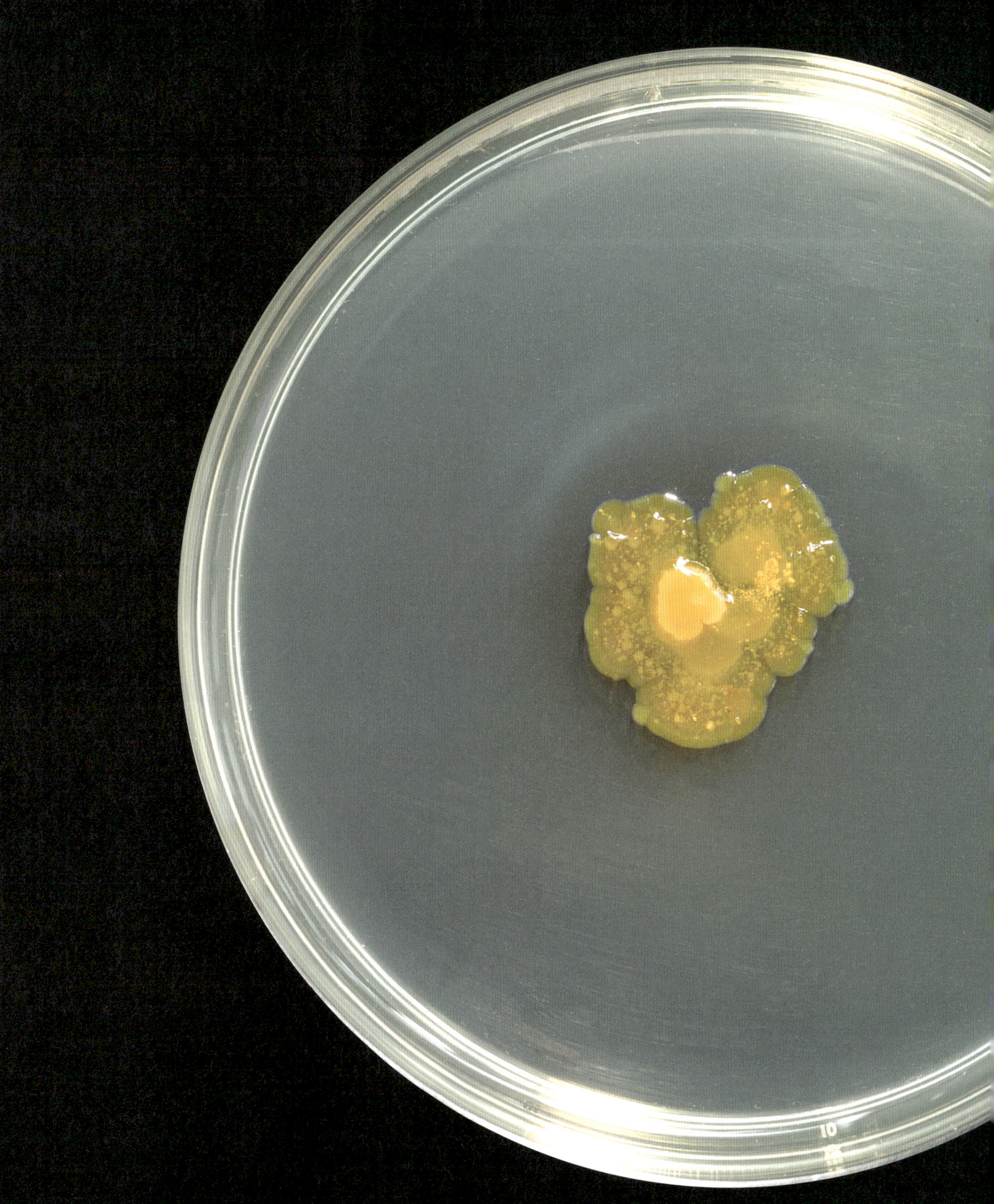

赤ちゃんのおしゃぶりをゲル表面に押しつけたこのペトリ皿では、複数の菌種が混じったものがかたまって成長した。

のに対し、ビフィドバクテリウム属の数は減少し、3〜6歳になるころには、主にバクテロイデス（*Bacteroidetes*）門（やはり2021年にバクテロイドータ［*Bacteroidota*］門に名称変更された）とファーミキューテス門のバクテリアが優勢な、平均的な成人の健康なマイクロバイオームへと近づいていく。このふたつの門のバクテリアはいずれも偏性嫌気性菌であり、酸素が非常に少ないかまったくない条件のペトリ皿で培養することでしか検出できない。

こうした最初のバクテリアとの出会いは、共生微生物との集合体である超個体としての私たちの人生を形成するうえで極めて重要である。生後1年間で食事や行動が大きく変化していく中で、私たちのマイクロバイオームも徐々に成熟して安定したバクテリア群集へと変化し、それは生涯にわたって私たちを支えるのだ。体とバクテリアの間に生じるこうした複雑な相互作用は全般的ウェルビーイングの基礎を築き、また共生バクテリアは生涯にわたる旅路を通じてともに歩む連れ合いとなるのである。

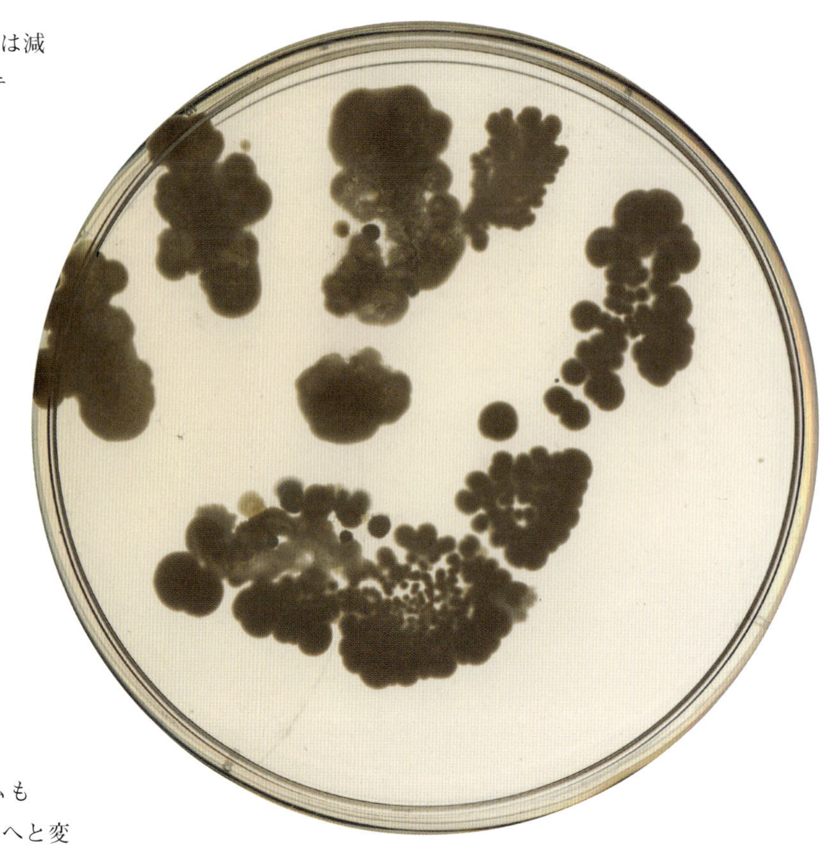

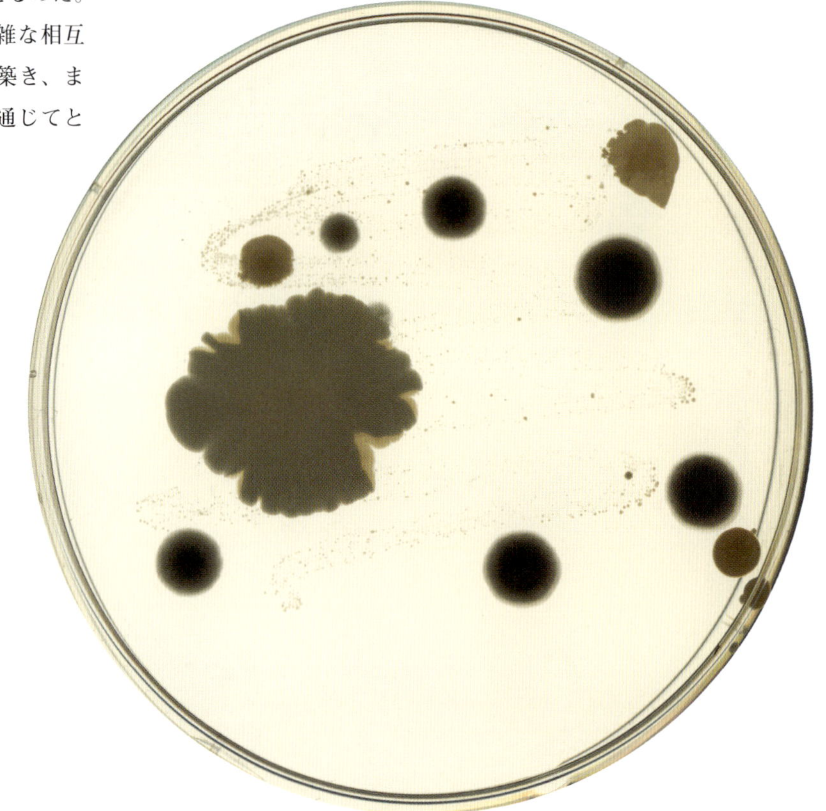

（上）赤ちゃんの手から採取したバクテリアが、ペトリ皿に押しつけた手の形を残している。
（下）赤ちゃんの口から綿棒で採取し、ペトリ皿に広げたバクテリア。

赤ちゃんの手の試料から分離されたバクテリアのコロニーが美しい模様を描いている。

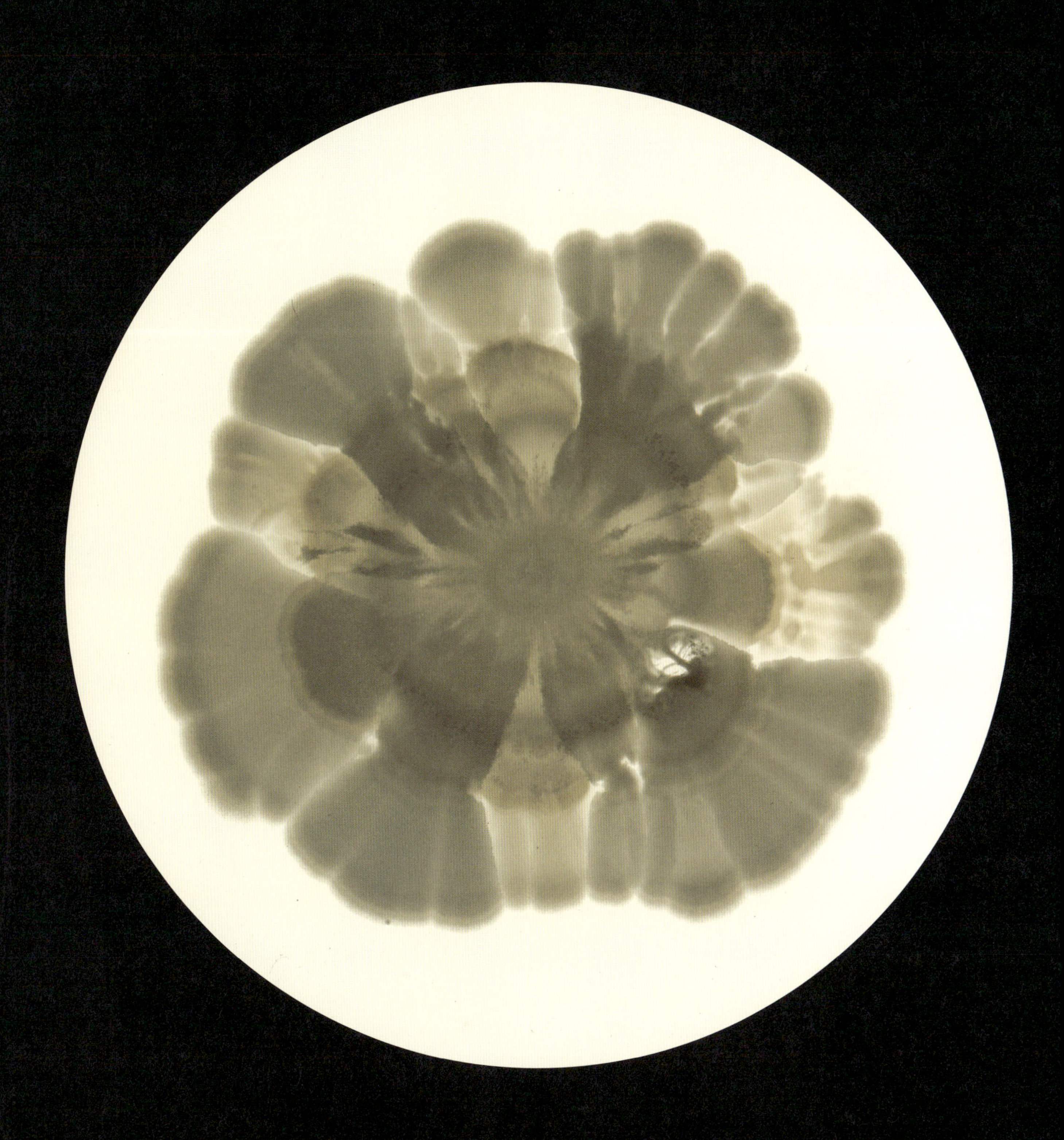

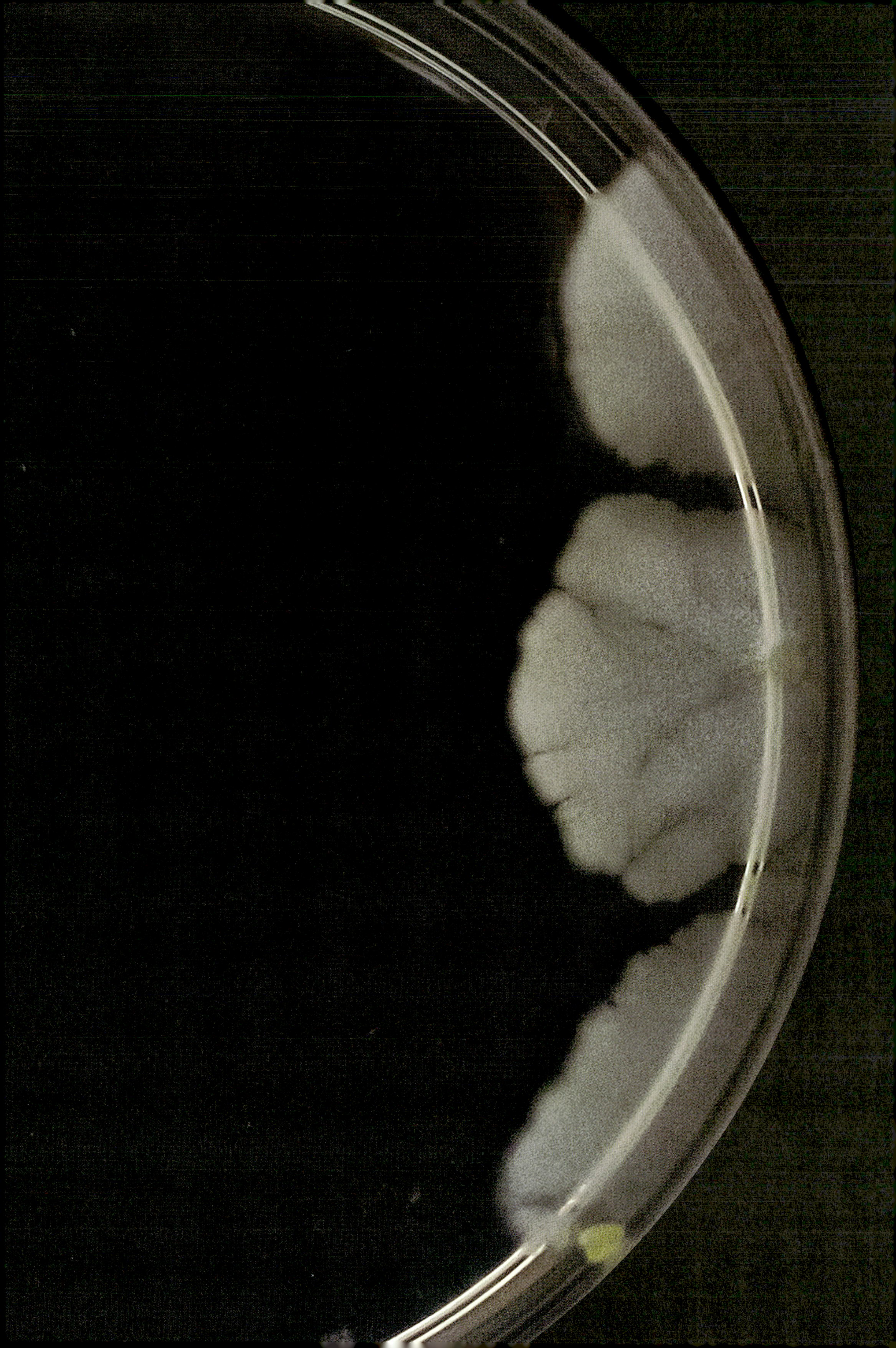

# 第5章
# 勇敢なる探検者たち
## 私たちの皮膚の上

私たちの皮膚の上にいる微生物は、目に見えない防護服のよろいのように私たちの体の最外層をなしている。注目を集めやすいのは腸内にいる微生物だが、皮膚の上にいる微生物も私たちの健康にとって劣らず重要であり、そこでは微生物たちは腸内よりはるかに居心地の悪い環境に生息している。それというのも人体最大の器官である皮膚が基本的に砂漠のようなものだからだ。また水分や栄養分に乏しいこの酸性の環境にはヒトに敵対的な微生物もうようよしており、絶えず攻撃をしかけてきて、炎症を起こしたり、皮膚に入り込んで感染症を引き起こしたり、皮膚の微生物叢と争ったりする。それでも皮膚にはバクテリアが密に生息しており、その数は膨大な数の腸内バクテリアに次いで2番目に多い（腸内の50兆個に対し、皮膚上には約1000億個）。皮膚の微生物叢の機能は幅広く、非常に重要なものである――天然物を分解し、免疫系を訓練し、侵入してくる病原体から身を守ってくれているのだ。また多様性についていえば、人さし指、膝の裏側、足裏の皮膚など、部位によっては腸内より微生物学的多様性が高いところもある。こうして、砂漠で繁栄している生態系のように、皮膚の上では固有のバクテリアが手に入るものを利用できるよう適応しており、親指大ほどの面積あたり1000万個ものバクテリアが繁殖しているのである。

皮膚マイクロバイオームは他の部位のマイクロバイオームよりも速く発達する。出生時には、乳児の皮膚の細菌叢には、母親の膣マイクロバイオームに由来するラクトバチルス属のバクテリアが豊富に含まれている（あるいは、前章で記したように、帝王切開で出産した場合は皮膚と環境中にいるバクテリア種が多くなる）。だがわずか4～5週間後には、乳児の皮膚のバクテリア群集は成人の皮膚の細菌叢と同様の特徴を示すようになる。すでにそうした短期間のうちに、ブドウ球菌やコリネバクテリウム（*Corynebacterium*）などの全身的に優勢となる属の菌種が現れ、他の菌種は体の特定の部位のみに現れる。

研究者が健康な成人の微生物の遺伝子配列を決定していく中で、一定の微生物が特定の器官と結びついているわけではなく、微生物の構成は主に皮膚の部位の生理機能に応じて決まってくることがわかってきた。

例えば、典型的な皮膚の微小環境の4領域として、額などの油っぽい皮脂腺領域（「脂質に富む」領域とも呼ばれる）、前腕などの乾燥領域、肘や膝の湾曲部などの湿った領域、そして足指のすき間がある。一般に、皮脂腺のある部位は主に脂質に富む環境でよく成長するプロピオニバクテリウム属の種が優勢となるのに対し、ブドウ球菌属やコリネバクテリウム属の種は肘や膝の湾曲部などの湿った部位を好む。

栄養素が豊富に存在する腸管とは異なり、皮膚にはそのような栄養源が少ないため、皮膚に生息するバクテリアは、一般的な糖類ではなく、皮下腺が分泌する汗や脂肪の中に含まれる他の栄養源を利用し、タンパク質や脂質などの分子を養分として成長するよう適応している。アクネ菌（*Propionibacterium acnes*）――英語の「acne（にきび）」の名称はこの菌に由来する――はそうしたバクテリアの一種である。このバクテリアは皮膚に生息し、健康な成人では最も豊

頭皮マイクロバイオームの試料に含まれていたバクテリアが、ペトリ皿の横側につけた最初の「スポット」から成長している。皮膚は、その砂漠のような環境で繁栄するよう進化した微生物に満ちている。

富に存在する菌種である。このバクテリアは、酸性度を調節し、天然油類を分解し、免疫系を調節することで通常は宿主にとって有益だが、条件次第では問題を起こすこともある。例えば皮脂腺からの脂肪の分泌量が多いほど、にきびがひどくなることがあるのだ。他に健康な皮膚によくみられる菌種に黄色ブドウ球菌（*Staphylococcus aureus*）がいる。この菌は比較的厳しい皮膚の環境で生き延びるために巧妙な方法を進化させており、例えば塩分を多く含む汗に耐えたり、汗に含まれる尿素を利用してタンパク質やDNAなどの必須分子を作るのに必要な窒素源としたりすることができる。この菌はその表面に皮膚に付着できる分子を作り出し、また栄養素を遊離させる酵素を分泌することでさらなる定着をはかっている。アクネ菌と同じく、黄色ブドウ球菌も問題を引き起こすことがある。この菌の割合が増えると湿疹などの原因となるのだ。

皮膚は皮膚「マイコバイオーム」として知られる真菌群集も養っている。バクテリア群集とは対照的に、真菌の構成は一般に体の各部を通じて似通っている。例えば体幹部や腕の部位ではマラセチア（*Malassezia*）属の真菌が優位を占めるのに対し、足の部位ではマラセチア属とともに、アスペルギルス（コウジカビ）（*Aspergillus*）属の種（日本酒を作ったり、温かく湿気のある浴室に定着したりする属と同じ真菌）などの他の真菌がもっと多様な組み合わせで定着している。マラセチア属は皮膚で最もよくみられる真菌――頭皮、顔面、胸部、背中などの脂質が多く分泌される皮膚の部位で繁殖する親油性（脂肪を好む）酵母菌の一種――である。真菌種の多くはペトリ皿で培養することができ、このため本書掲載の試料中でもよくみられる。真菌はすばやく広がることができ、通常はバクテリアにより占められるペトリ皿の平面から、菌糸と呼ばれる糸状の構造物を上に向かって伸ばす。それ自体が興味深い観察対象だが、真菌叢（マイコバイオータ）の量は一般にまわりのバクテリア群集よりもはるかに少なく、真菌を分類整理し、その役割を理解するにはさらなる研究が必要である。

私たちの皮膚上の微生物は生物地理的にどのように分布しているのだろうか？　ダニノラボでは、成人男女の頭部（頭皮／毛髪）、耳、鼻、脇の下、へそ、手の指、足の指などの身体各部位から試料を――滅菌綿棒を使ったり、ペトリ皿のゲルに直接押しつけたりすることで――採取しており、その結果はそれぞれの特徴を持つ共同群集を示している。鼻は他部位よりもバクテリアコロニーが豊富で、それより大きく暗色の真菌コロニーも少数見られる。手と足は表皮ブドウ球菌などのバクテリアコロニーが豊富であり、真菌コロニーがいくつか広がっているのも見られる。

皮膚にどんな微生物が生息するかに大きく関わるのは個人の日々の活動や習慣であり、また微生物叢の構成が1日のうち、また個人の間でも大きく異なることは確かである。しかし、砂漠のような皮膚の環境にどんな微生物が生息するかにさらに大きな影響を及ぼしているのは、身体上の特定の生息地であることを研究は示している。そうした小さなオアシスに生息するバクテリアは日々の変動や季節の変化、個人の習慣、ライフスタイルの影響を受けないようである。こうした回復力に富み、チャンスをうかがうバクテリアたちは、互いにつながりあった身体の多様な環境の中で繁栄するすべを見い出し、人間社会が生み出した生息地でヒトと共存し、役に立っているのだ。

成人女性の頭皮（上）と足（下）および成人男性の足（中）から採取したバクテリア試料の拡大像。これらの像が示すように、それぞれの皮膚部位の生理的条件が構成バクテリアを決める。

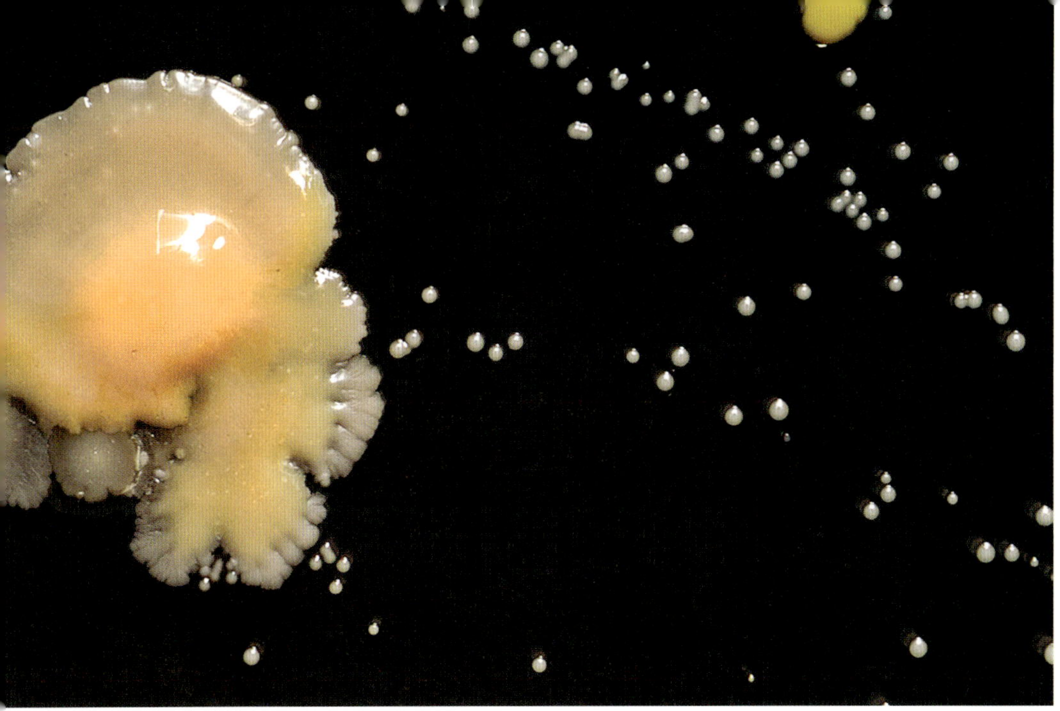

成人女性の鼻から採取したバクテリア。この部位の微生物群集は一般に複雑であり、多くのバクテリア種がみられる。中央部には白カビがみられる。

皮膚の微小環境は、バクテリアから皮膚の「マイコバイオーム」、つまり真菌群集に至る多様な微生物群集を養っている。

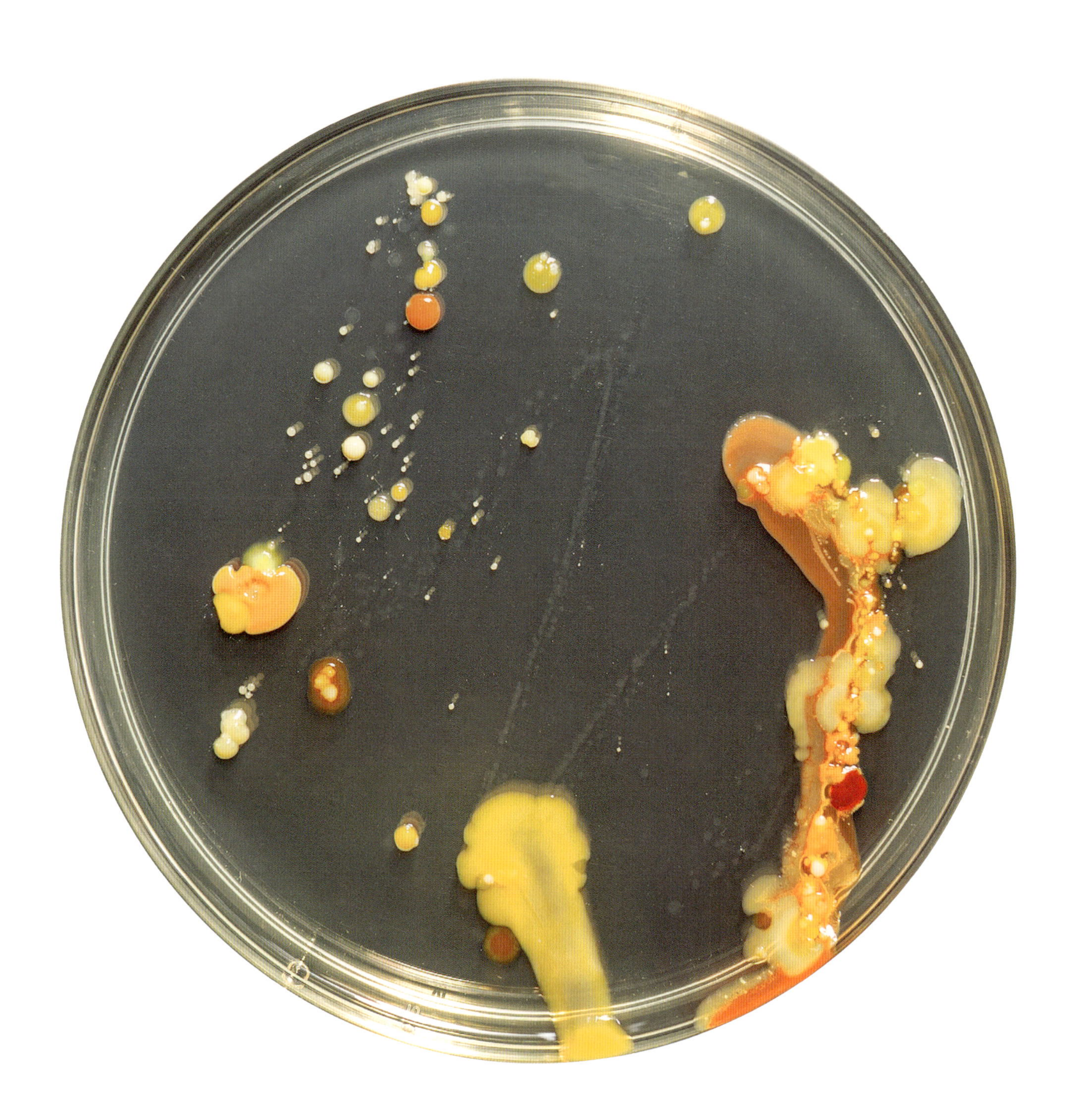

女性の脇の下

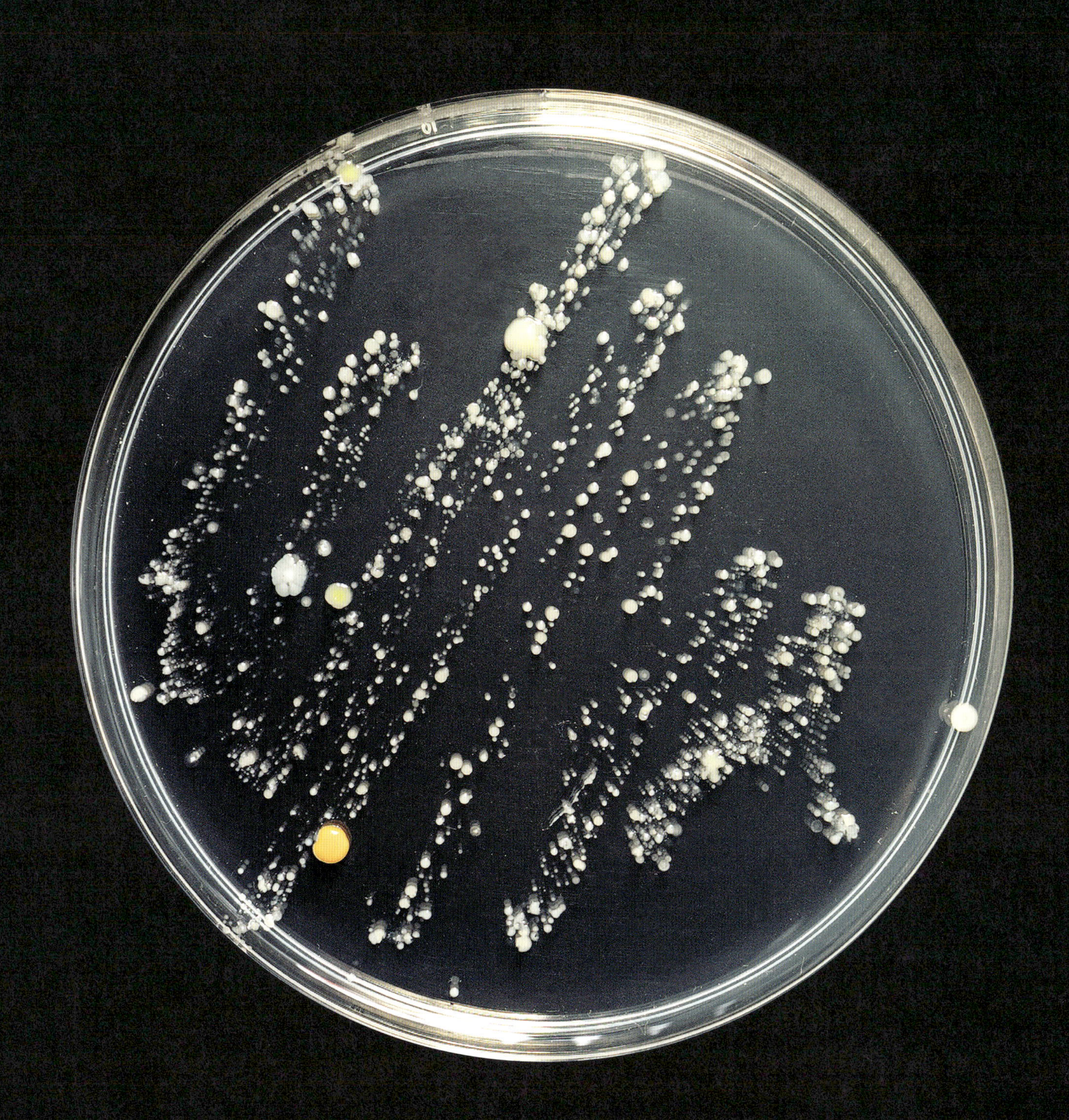

女性のへそ

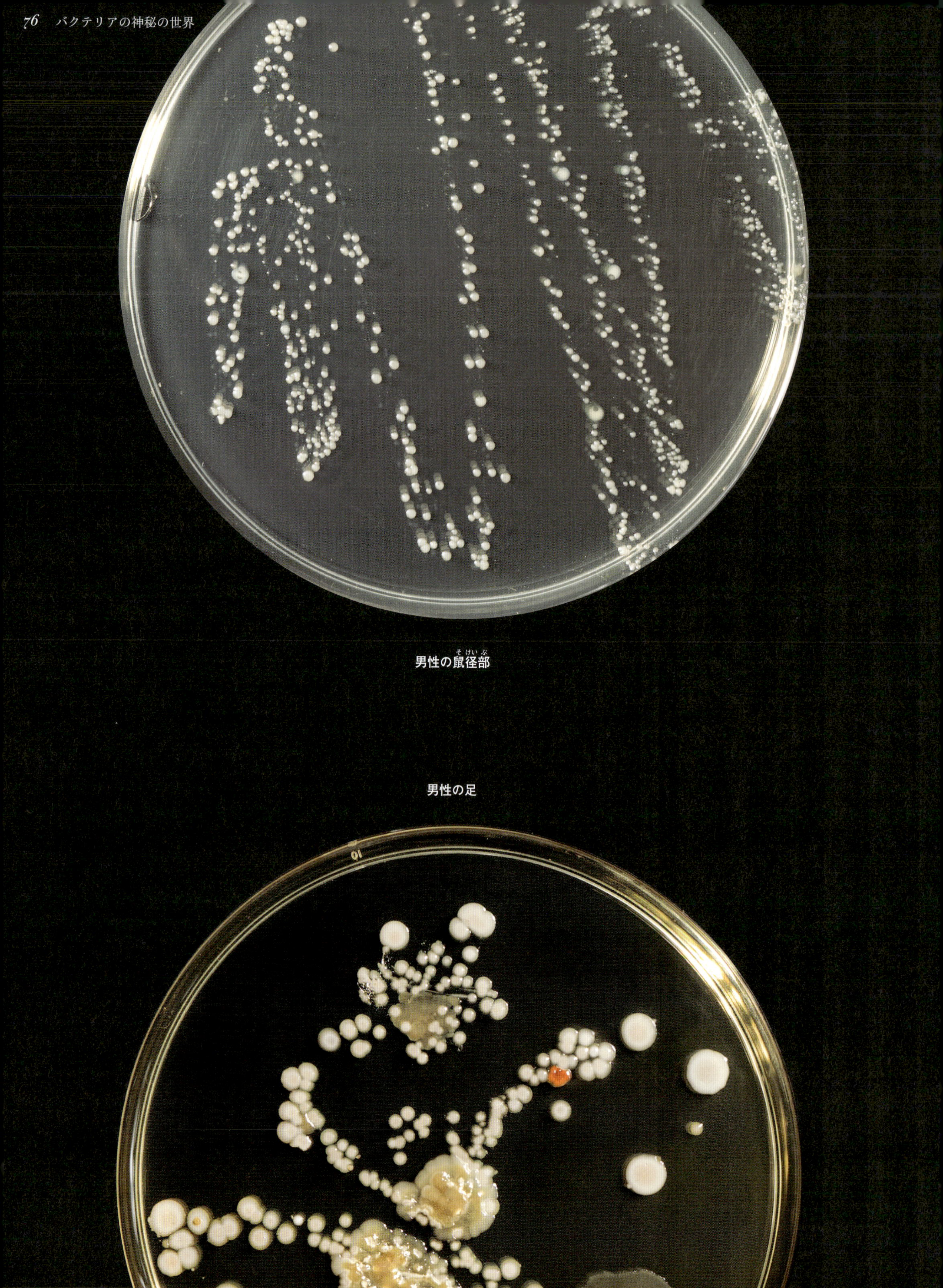

男性の鼠径部

男性の足

女性の耳。真菌も見られる

男性のへそ

女性の手

幼児の手から採取した試料。色、肌理、形状が多様な種の存在を示している。
左のバチルス属の菌がペトリ皿の中を糸状に成長している。

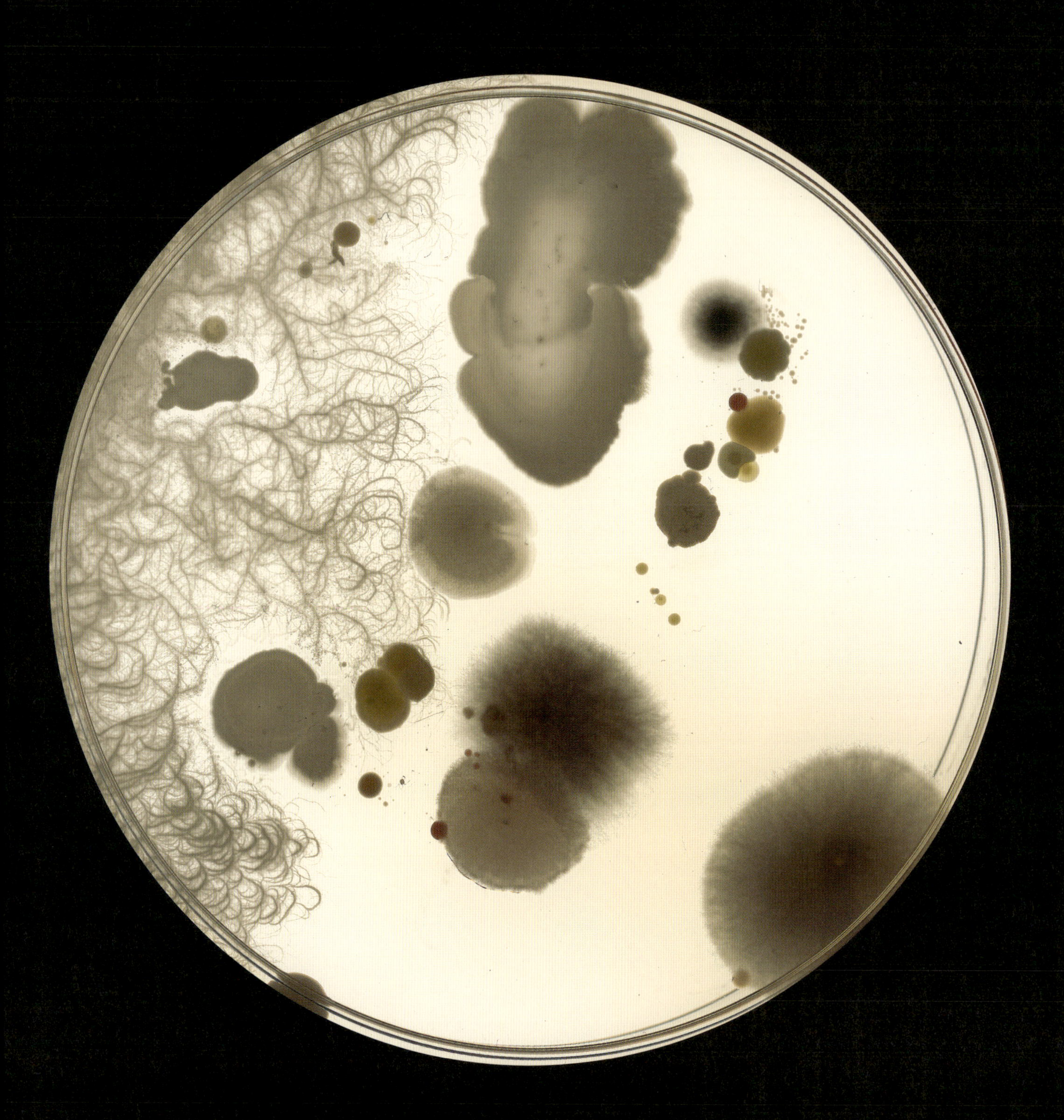

幼児の皮膚

自分の舌に触れた女児の手の指から採取した試料。ペトリ皿には皮膚に生息する多くの菌種が
小さなコロニーとして広がっており、大きく成長しているのは他の菌種だ。

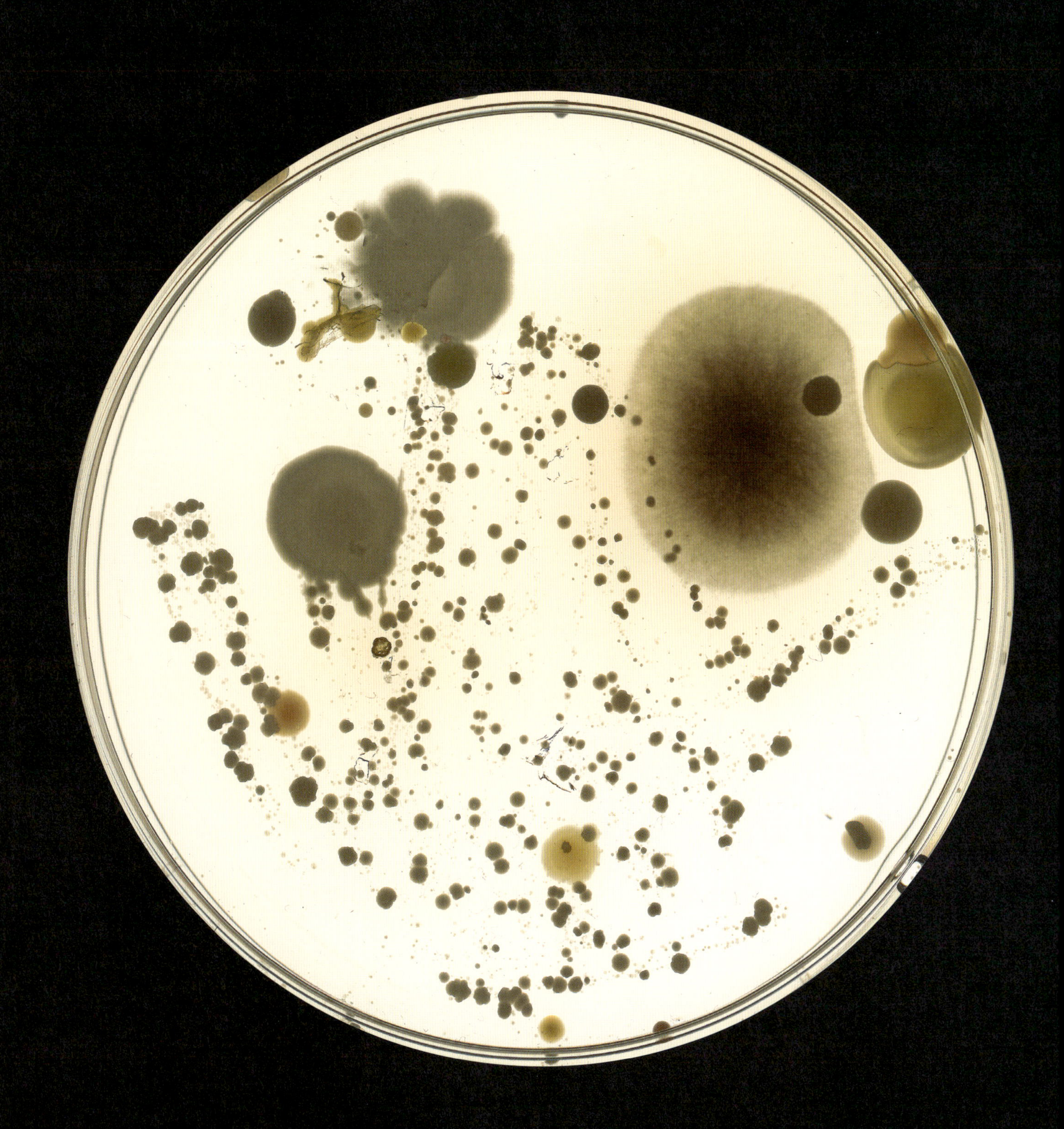

幼児の手の指

幼児の足の指を中心に押しつけたペトリ皿。これらのバクテリアはすばやく拡大できるように湿った状態で培養された。

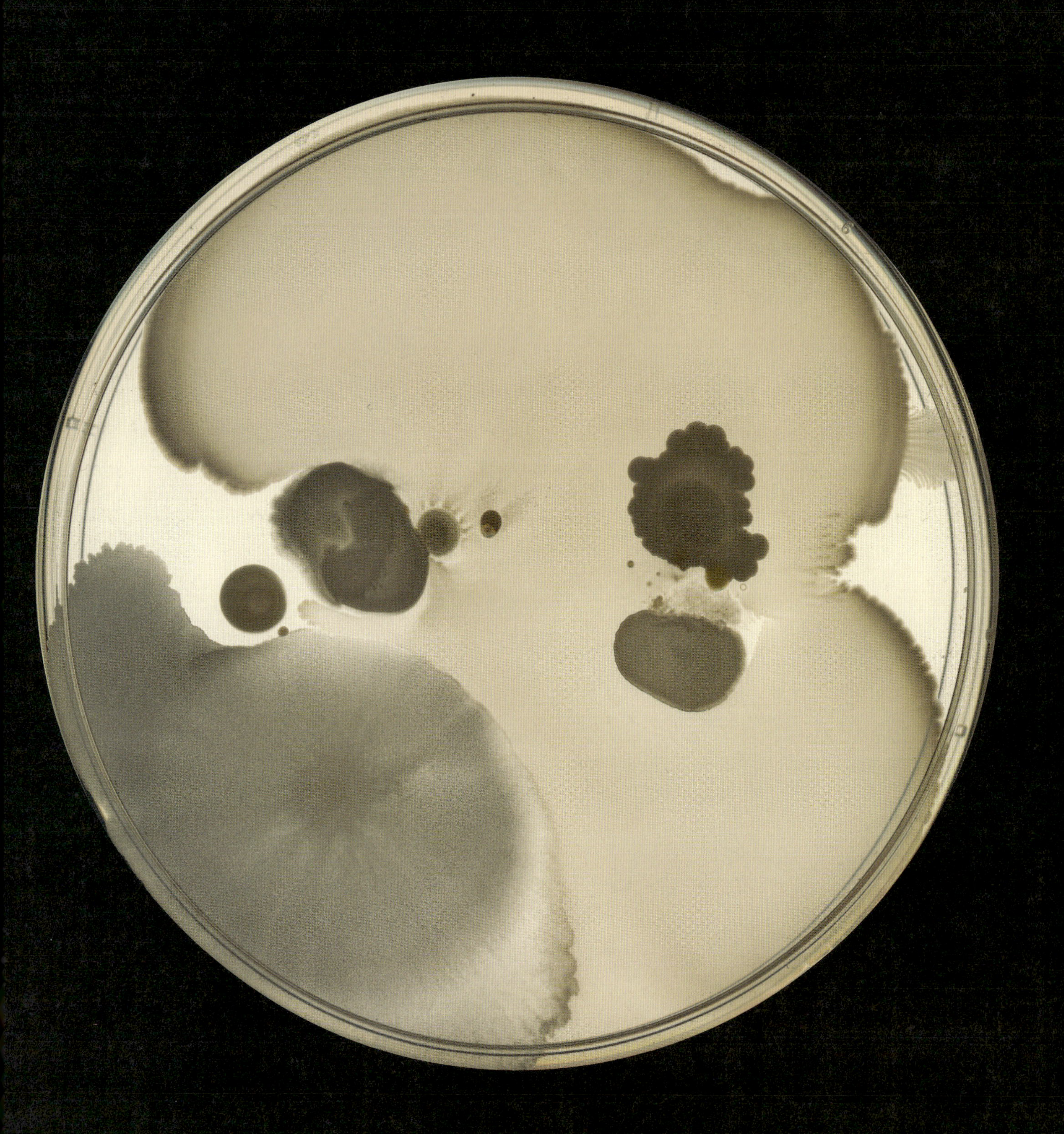

LB寒天培地に押しつけた幼児の足の指

幼児の手を押しつけたペトリ皿。さまざまな形状から多様な微生物群集がいることがわかる。

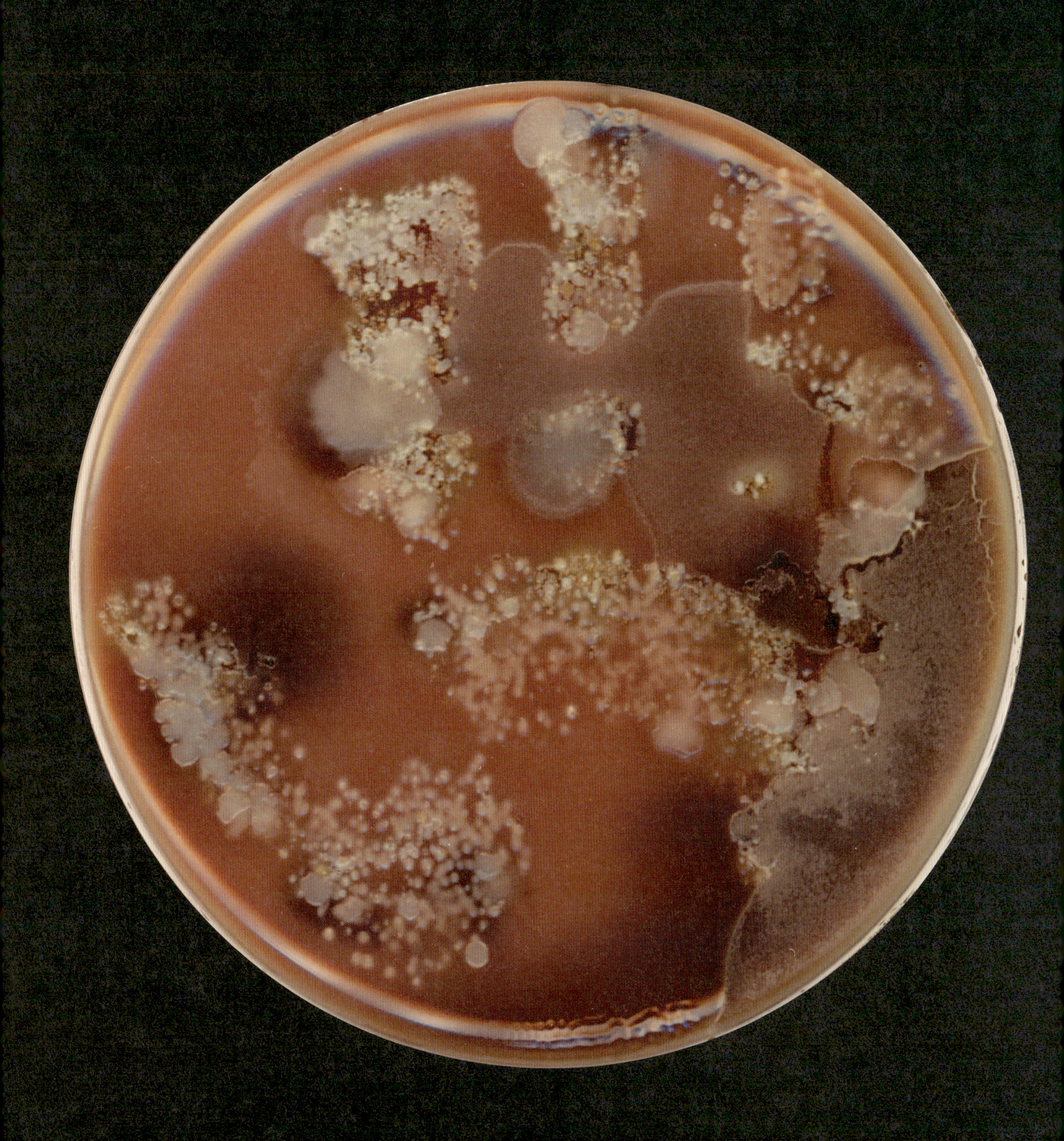

チョコレート寒天培地に押しつけた幼児の手

# 第6章
# 我が家のように
## 私たちの消化管の中

生き物もまばらな砂漠のような皮膚の環境に比べれば、腸は微生物でにぎわう大都市だ。そこに住むのは主にバクテリアであり、全身にわたってバクテリアが取り持つ組織的な相互作用は私たちの健康に影響を及ぼす。

腸内マイクロバイオームはあらゆるマイクロバイオームの中でも最も有名かつ最も研究されており、身体最大のバクテリア群集の住みかで、人体に生息するバクテリアの99％以上——皮膚にいるバクテリアの100倍——を宿している。消化管は胃腸管全体を含み、口に始まって食道、胃、小腸、大腸、つまり結腸へと延びる。消化器系の中心部として、消化管は栄養の吸収、免疫機能、老廃物の排出において重要な役割を果たしている。この働きを手助けしているのが、この長い通路全体にわたって存在し、そのほとんどである99％以上が結腸に生息する数十兆個のバクテリアである。

口は入り口となって消化管を外界とつなぐ部分であり、バクテリアが体のさらに深い部分に届くまでに通過する途中駅として機能する。口は皮膚や環境と接していることから、両者と似た微生物が生息しているが、特有の条件も備えている。例えば舌の前部などの酸素に富む部分には好気性菌（酸素のある状況で成長できる菌）が定着している。対照的に、歯垢や歯周ポケットなどの酸素の乏しい部位では嫌気性菌が優位を占めている。唾液はわずかに酸性のpHを維持するのに役立っており、レンサ球菌属などの酸に耐え、酸を産生するバクテリアの成長に有利に働く。

口腔にもマイコバイオームがあり、カンジダ（*Candida*）属のいくつかの真菌種はヒトの誕生初日にこの部位に定着することが知られている。長期的な口腔マイコバイオームの発達についてはほとんどわかっていないが、その多様性は皮膚や腸内よりも低い。結腸と比べれば小さいものの、口腔の微生物群集は非常に多様性があり、数はかなり多い（推定でバクテリア100億〜1兆個）。

消化管をさらに降りると食道と胃があるが、そこに生息するバクテリアは比較的少なく、1兆個しかいない。胃は強い酸性と厚い粘膜が障壁となってほとんどのバクテリア種を寄せつけないが、病原菌の中にはこの部位に感染できるものがいる。最も悪名高いのがピロリ菌（*Helicobacter pylori*）だ。これはらせん状の菌で、胃の粘膜層で成長することができる。この菌に感染すると潰瘍、慢性胃炎、さらには一定の条件下では胃がんを生じることがある。1980年代初頭には、医師の間では胃潰瘍の主な原因はストレスと生活習慣であると広く考えられていた。しかしオーストラリアの医師、バリー・マーシャルがこの従来の説に異議を唱えた——そして自説を証明するために、この菌を含む培養液を飲み下して自らを感染させた。数日のうちに胃炎と潰瘍の症状が生じたことで、彼は直接の因果関係を実証し、最終的にはピロリ菌に関する研究によりノーベル賞を受賞している。

消化管のさらに深く、小腸から大腸は、水分、酸性度、栄養素の条件がそれまで以上にバクテリアの生存と繁栄にとって申し分のないものとなる。こうした微小な住民の数は増え始め、

プロバイオティクス製品から分離された2種のバクテリアがペトリ皿の中心部のスポットから成長している。プロバイオティクスとは、腸管などのバクテリアのいる微小環境の健康を維持したり改善したりするために服用するバクテリアだ。

（右ページ上）
デンタルフロスから採取し、血液寒天培地で培養したバクテリア。黄色っぽい色はバクテリアが赤血球を分解していることを示す。

（右ページ下）
LB寒天培地上で希釈した便から成長したバクテリア。一般的な腸内バクテリアには大腸菌がいる。

大腸だけで約50兆個のバクテリアで満ちあふれている。その見返りに、こうしたバクテリアは非常に重要な仕事をする。未消化の炭水化物を醗酵させ、栄養素を代謝し、免疫系の調節を手助けし、ビタミン類を合成しているのだ。例えば腸内バクテリアは食べた複雑な炭水化物を醗酵によって分解し、代謝副産物を生み出すが、それがエネルギー源となり、結腸の細胞が健康に保たれるのである。クロストリジウム（*Clostridium*）属やバクテロイデス（*Bacteroides*）属のある種のバクテリアは制御性T細胞の数を増やすが、これが恒常性維持（ホメオスタシス）において重要な役割を果たし、免疫機能が過剰に活性化して炎症を起こすのを防いでいる。こうした免疫細胞は無害な抗原や有益なバクテリアに対する免疫応答を抑えるのに役立ち、アレルギーや自己免疫疾患を起きにくくするのだ。最後に、大腸菌（*Escherichia*）属などのある種のバクテリアはビタミンKを合成することが知られている。こうしたバクテリアは食事に含まれる前駆物質を、血液の凝固や骨の健康などの宿主の機能にとって大変重要な、生物活性のあるビタミンに変換してくれる。

腸内細菌叢は成人が成熟するにつれて変化し続けるが、食事がその構成の大きな決め手となり、その影響は多くの点で当人の遺伝子よりも大きい。食物の中には、特に野菜や繊維分を多く含む食品など、「プレバイオティクス」とされるものがある。つまり、健康に良い生きた微生物を含む「プロバイオティクス」のバランスを整えることで消化管に好影響を与える食品成分である。微生物は醗酵食品の原材料に含まれる食物分子を分解し、他のバクテリアやカビの増殖を抑制し、テーブルオリーブ、チーズ、ヨーグルト、サラミ、またコーヒー、ビール、ワイン、その他多くの食品の独特の風味を生み出す。

食品の醗酵が進むにつれ、ある種の微生物がよく育つ一方で別の微生物の数が減っていく。これが「微生物遷移」であり、微生物群集を変化させ、キムチなどの醗酵食品の独特の風味の醸成と保存に貢献する。キムチのふたつの材料、ハクサイとニンニクが必要なバクテリア、とりわけ乳酸菌（LAB）をもたらすことを示す研究がある。高い塩分濃度と低温が重なるとバクテリアの成長が抑制されるが、乳酸菌（多くの場合、ロイコノストック［*Leuconostoc*］属、ラクトバチルス属、ワイセラ［*Weissella*］属の菌）は例外で、これらの菌が野菜を分解して乳酸を作り出し、酸性の環境を生み出すとともに、抗菌分子を作り出して他の菌種の成長を抑える。乳酸菌の数が数週間かけて1mLあたり約1兆個というピークに達すると、後続のサッカロミセス（*Saccharomyces*）属（酵母菌）などの微生物が乳酸菌による醗酵の副産物から成長し、乳酸菌の数は減少する。こうした微生物遷移のプロセス全体により遊離糖類、ビタミン、アミノ酸、有機酸が生じ、これらがキムチ特有の風味をもたらす。他にもキャベツの醗酵食品であるザウアークラウトがある。これは世界中で、特にソーセージと一緒に食べられているドイツ料理だ。キムチやキャベツから採取した試料は乳酸菌などのバクテリアの群集を示し、これらも分離するとペトリ皿で盛んにコロニーを成長させる。

20世紀にはプロバイオティクスサプリメントの進歩が生じた。これは典型的にはラクトバチルス・ラムノサス（*Lactobacillus rhamnosus*）などの腸内にいる菌を含むものである。開発中のプロバイオティクスには、微生物科学企業のシード社が開発し（ま

た本書で取り上げ）ているような、膣内マイクロバイオームなどの微小環境を調節できるものもある。醗酵食品とも似ているがより濃度が高く、成分が明確なプロバイオティクスサプリメントを服用することで、消化管の健康や免疫機能の改善、病原体による病気の予防や治療、皮膚の健康改善、アレルギー対策などの有益な健康効果が得られる。

ラボで同僚たちとバクテリアを分離するたびに、私たちはこうした小さな生物に対し畏敬の念を覚えずにはいられない。人体に存在する微生物とヒト細胞の数はほぼ同じだが、さらに詳しく見れば驚くべき事実が明らかになる。私たちのヒト細胞はすべてたったひと組みの遺伝子を持っているだけだが、私たちのマイクロバイオームをなす約500種類のバクテリアはそれぞれが独自の遺伝子をひとそろい持っているのだ。私たちの体内や体表にいる微生物の遺伝子の数をすべて足せば、ヒトの遺伝子の数をはるかに超えてしまう。生まれたときから、私たちひとりひとりはヒト細胞より多い菌細胞からなる生態系なのである。そうであるなら私たちの自己という概念はどうなるだろうか？　そして私たちは自分たちの種をどのように定義すればいいのだろうか？　私たちを真のヒトとしているのが……他の生物であるのなら。

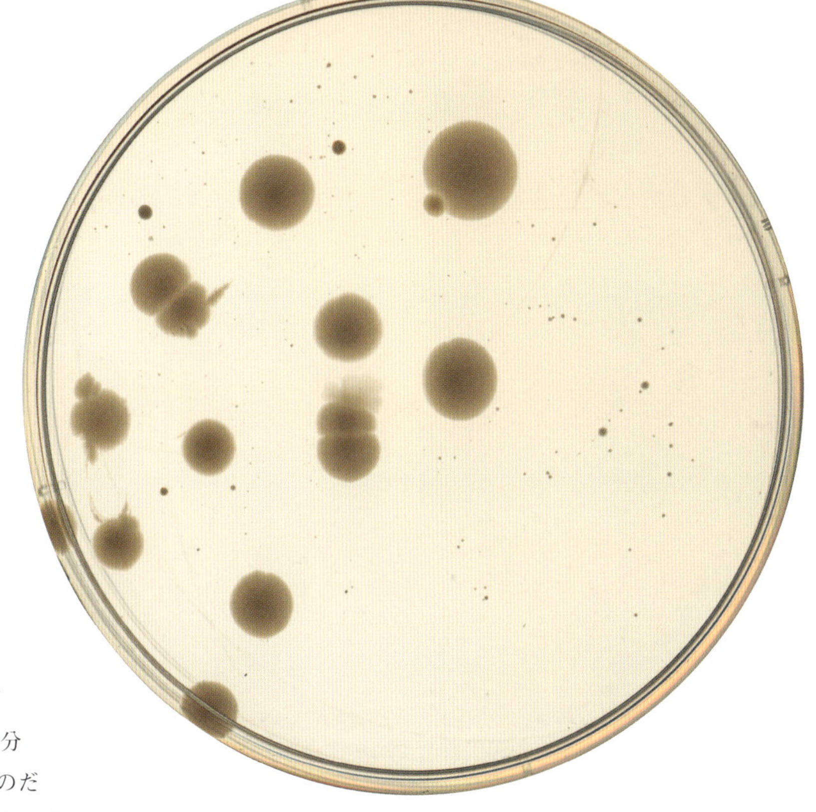

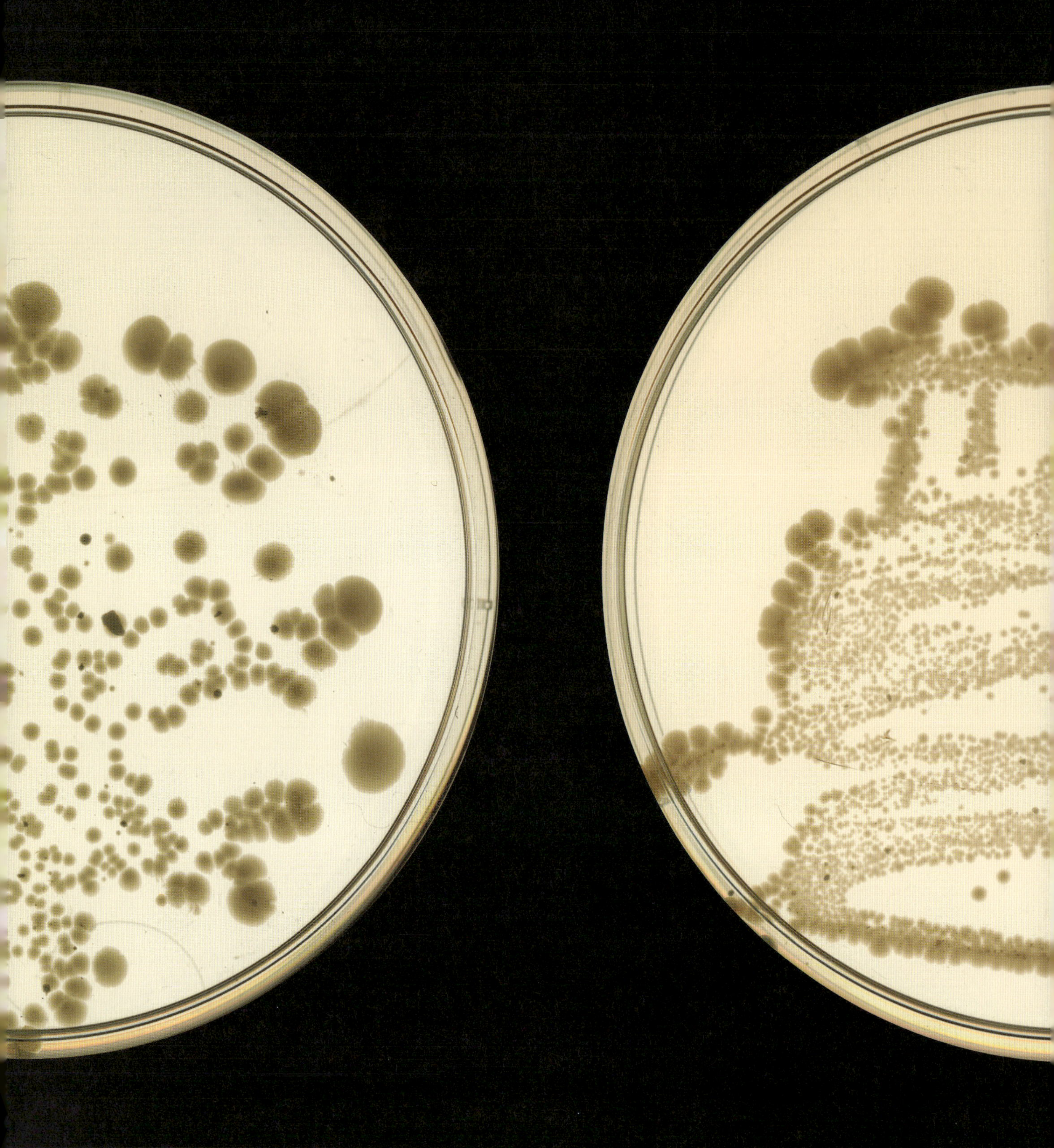

（左から右）LB寒天培地上の便（成人、幼児、赤ちゃん）

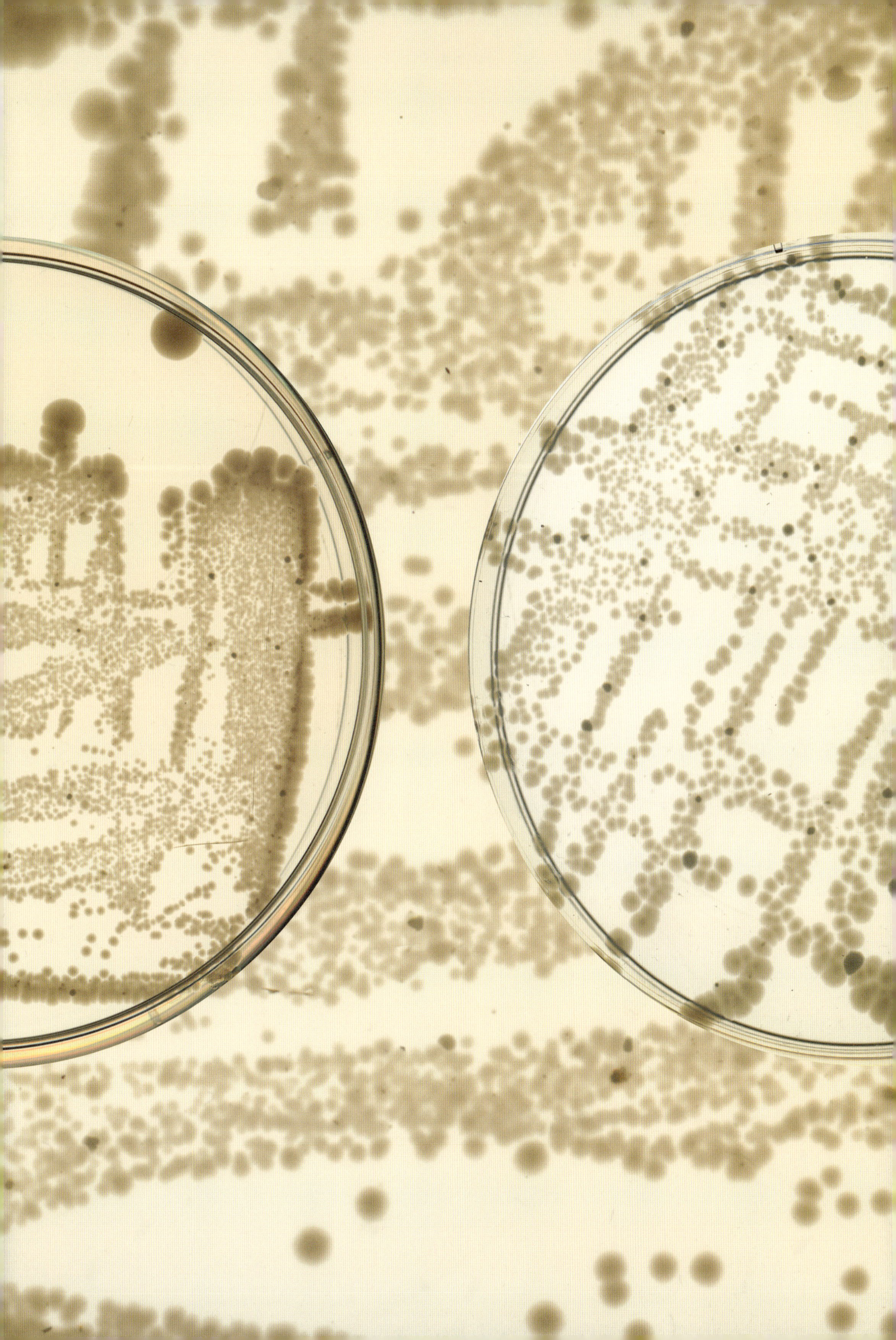

プロバイオティクス製品から分離したバクテリア。試料をペトリ皿の下部に付着させ、上向きに成長させた。

（本ページと右ページ）カプセルのプロバイオティクス製品を生理食塩水に溶かし（2種類の希釈度）、LB寒天培地に広げた。ここに見られる多くの菌種は好気性（酸素の多い）条件で成長することができる。

経口プロバイオティクス製品

（中央）プロバイオティクス製品から分離し、一定の培養条件により
パターンを形成するよう「誘導」したバクテリアのコロニー。

92ページの左のペトリ皿から分離されたプロバイオティクス菌。数週間培養し、複雑な成長パターンがよくわかるように染色している。

（左ページと本ページ）経膣プロバイオティクス製品から採取し、染色したMRS寒天培地で、さまざまな濃度で培養したラクトバチルス属の菌種（乳酸菌類）。この培地を使うとこの種のバクテリアがよく成長する。

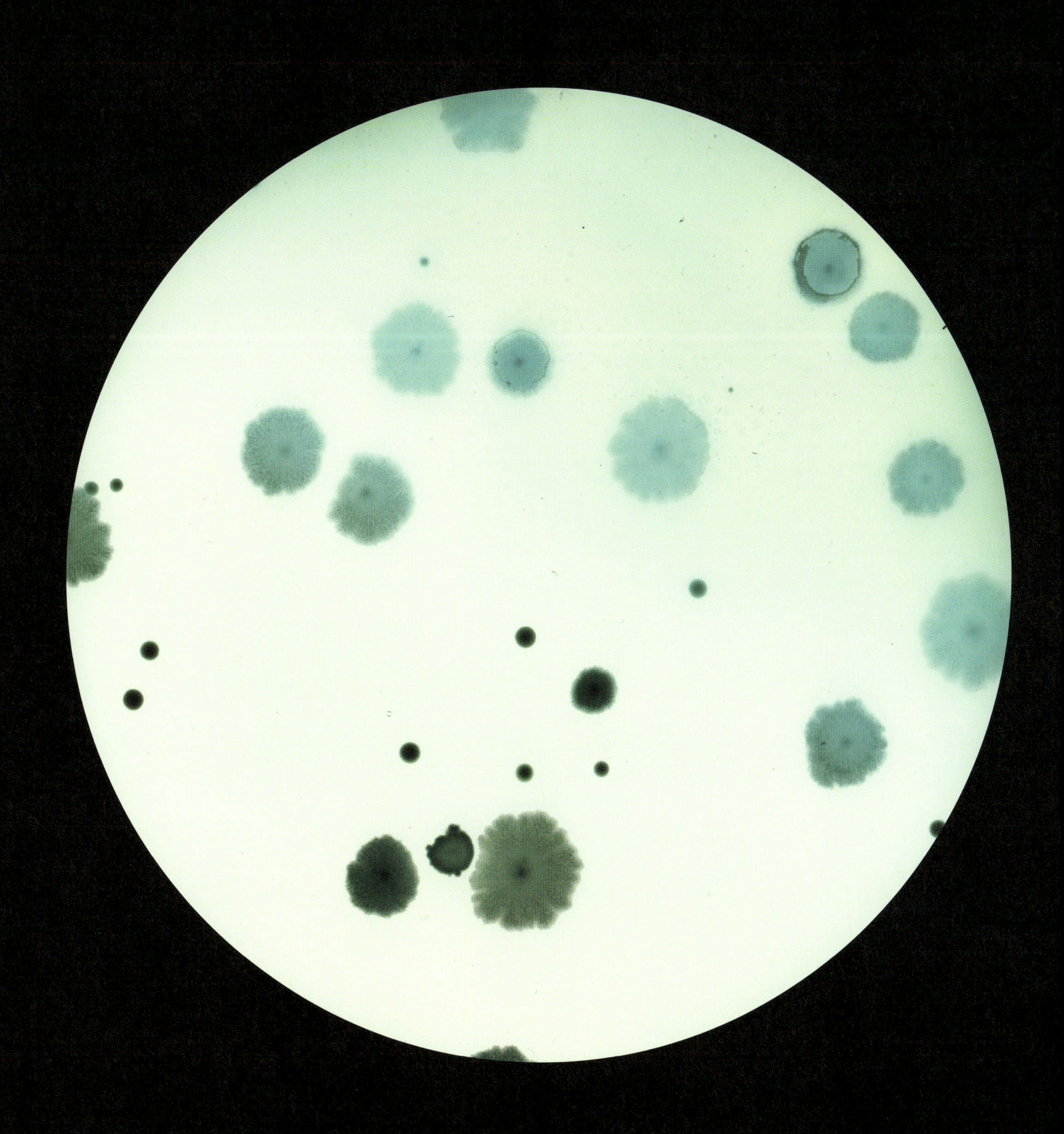

キムチは「キムジャン」として知られる韓国の地域社会の風習の中で伝統的に作られ、分かち合われる。キムチの材料はハクサイ、ニンニク、ショウガ、赤トウガラシ、塩などで、これらを蓋つきの容器で一緒に漬ける。このような滅菌されていない材料にはバクテリアが含まれており、それが栄養素と作用して醗酵を始める。この醗酵過程は「微生物遷移」と呼ばれる微生物種間のダイナミックな相互作用である――そして科学であるとともに芸術なのだ。

(本ページと右ページ) キムチから分離し、ペトリ皿で培養したバチルス・ベレゼンシス (*Bacillus velezensis*) と枯草菌。

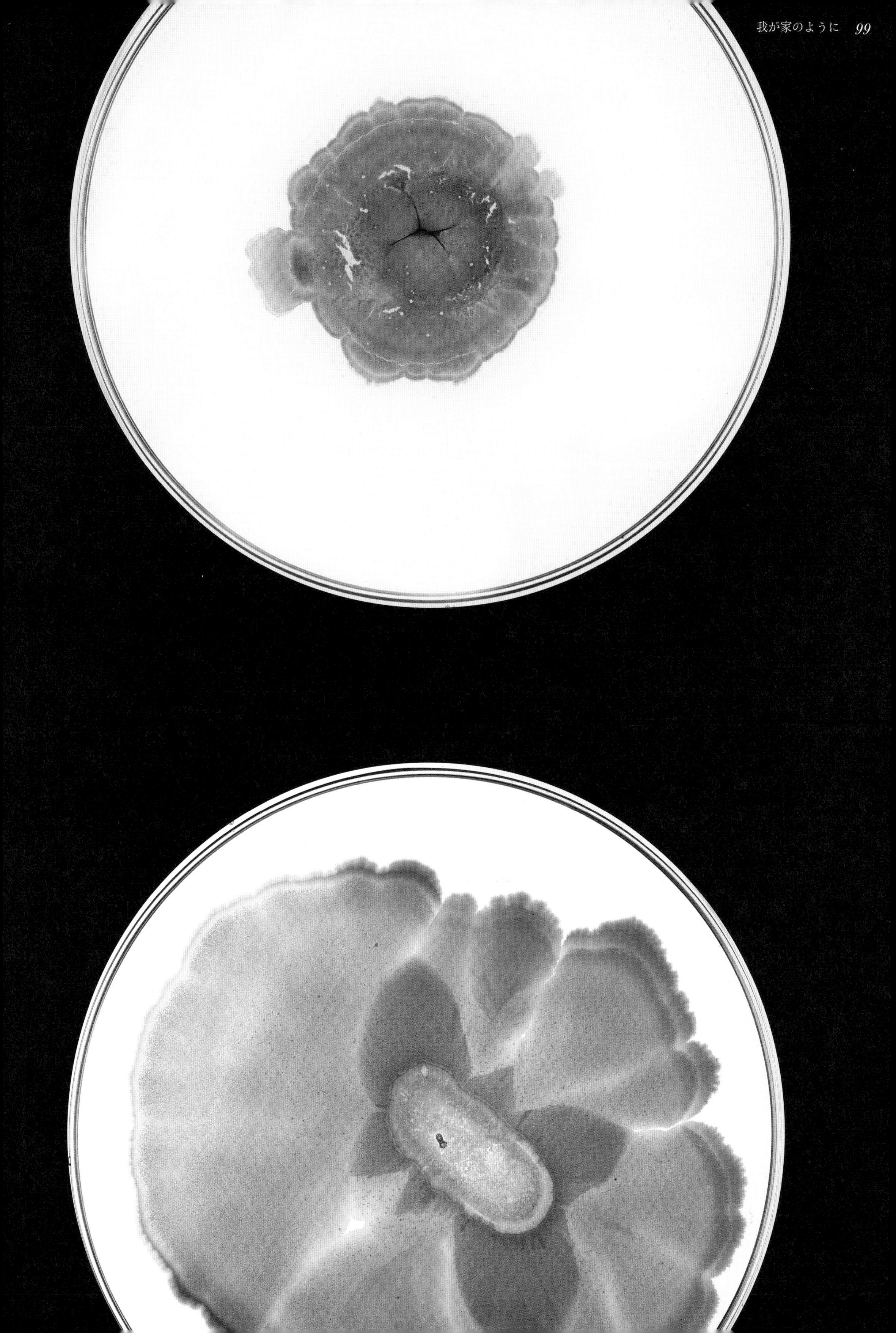

ザウアークラウトから分離し、2日間培養したバクテリア。密集し、盛り上がってしわの生じたコロニーが見える。

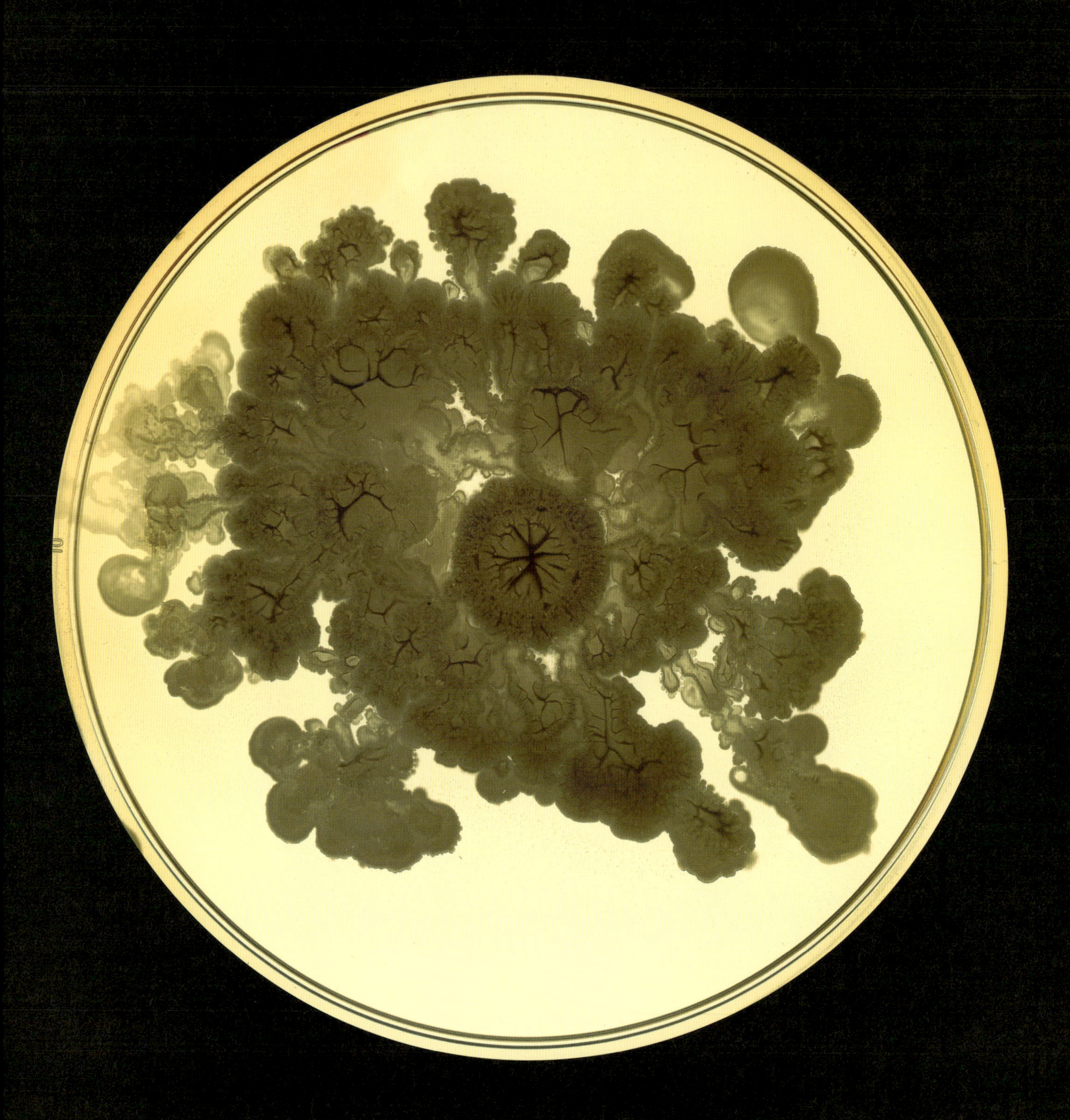

ザウアークラウトから分離し、7日間培養したバクテリア。コロニーがペトリ皿全体に広がっている。

生命はバクテリアであり、
バクテリアは生命である。

ルイ・パストゥール
パリのソルボンヌ大学での講義（1864年）

# 3

# 私たちの身のまわりにいるバクテリア

# 第7章
# あふれるほどのゲスト
## 私たちの家の中

私たちには数十兆もの同居者がいて、同じ家で暮らし、同じ食べ物を食べ、くつろいでいることに私たちはほとんど気づいていない。彼らはせわしないキッチンの調理台から静かな寝室、浴室の備品や換気口からドアノブ、コーヒーポットに至るさまざまなものの表面やすき間に定着している。その大多数は無害であり、私たちの家を我が家とした訪問者――私たちの体、空気、ペットを出どころとしたり、外出先から運ばれてきたりした――なのだ。トイレやシャワー室で明らかなピンク色になっている部分を目にしたりしない限り、私たちは彼らに気づくことすらない。こうした微生物たちはあわせて一種のマクロバイオーム、つまり私たちの誰もが「家」と呼ぶ独特の環境を生み出しているのだ。

家の中を見わたすだけで、こうした微生物たちが生き延び――その場の温度、湿度、人間（やペット）の居住者や生活スタイル、清潔さに応じて――繁茂する多くの場所が明らかになる。

家の中に最も豊富に存在するバクテリアは、ペトリ皿で成長させると灰色がかった白色やクリーム色をしている。しかし、天然でさまざまな色を作り出すバクテリアもたくさんいる。例えば、シャワー室のタイルの目地や便器によくみられるピンク色はセラチア・マルセッセンス（*Serratia marcescens*）菌だ。この独特の色はプロジギオシンと呼ばれる鮮紅色の色素により生じる。プロジギオシンは、素晴らしい、驚くべき、奇跡のような、不可思議な、天上のといった、「不可思議なことに関わる」意味を持つラテン語の*prodigiosus*を語源としている。「奇跡」のバクテリアと呼ばれたセラチア・マルセッセンスには興味をそそる特有の来歴がある。

1819年の夏、イタリアのパドヴァ周辺で暮らす多くの農民が、コーンミールで作る家庭料理のポレンタが鮮血色に染まったことに仰天した。この「血のようなポレンタ」に恐れをなした農民たちは家族に災いが起こるのでは考え、司祭に家から悪霊を追い払ってもらうよう求めた。パドヴァ市はパドヴァ大学の教授たちにこの現象の調査を依頼したが、薬剤師のバルトロメーオ・ビツィオも独自に調査に乗り出した。ビツィオはポレンタが鮮血色に染まったのは悪霊のしわざではなく、真菌が原因なのではないかと考えて試料を採取し、その中に存在する微生物を培養することで、あるバクテリアが鮮血色のポレンタの原因であることを突き止めた。その色素が非常に短命であったことから、ビツィオはこの菌を「マルセッセンス」（*marcescens*）（ラテン語で「朽ちていく」の意）と名づけた。

皮膚、口、鼻などの私たちの体から出る多くの微生物はこのバクテリアほどすぐには見えない。家の中でみられるバクテリアで最も一般的なものに表皮ブドウ球菌（人間の皮膚によくみられる）やレンサ球菌属（鼻道によくみられる）がおり、これらのバクテリアは私たちが座るところ、食べるところ、働くところ、くつろぐところのどこにでも生息している。こうした常在バクテリアの微生物学的フィンガープリントは家族や他の居住者のバクテリアが混ざったものである。実際、こうした菌種は家から離れた場所を我が家とするのに現実に役立つのかも

ペトリ皿で培養し、食品着色料で染色した枯草菌、プロテウス・ミラビリス、バチルス・シュードミコイデス。このようなバクテリアは住居の豊かな生態系に欠かせない。

キッチンの流し台のスポンジから分離したバクテリア。力強く分葉化した成長パターンを示している。

しれない。家族を対象としたある研究では、新居やホテルの部屋のマイクロバイオームの特徴的遺伝子（シグネチャー）は、ほんの1日で以前の家のものに急速に似通ってきたのだ。

他にバチルス属の菌（例えば、土壌中でよくみられる枯草菌）のように靴に付いて運び込まれるものや、レジオネラ（*Legionella*）属の菌のように空気を通じて入ってくるものもいる。後者のレジオネラ菌は、1976年の米国の在郷軍人集会の参加者の間で肺炎のような「謎の」疾患が集団発生したことで発見され、名づけられたことで有名である。これは換気口を通じて伝染することのある空気感染性疾患だが、人から人へと伝染することはなく、菌にさらされてもほとんどの人は発症しない。伝統的に、このグラム陰性菌は黒色寒天培地で分離することで検出される。アスペルギルス（*Aspergillus*）属など、多くの真菌種も浴室などの湿った環境でよくみられる。

第4章で詳しく見たように、環境は初期のマイクロバイオーム形成に極めて重要な役割を果たす──このため多くの研究者が家庭でペットを飼うことの影響について調べている。約20年前、米国の研究者がイヌやネコなどのペットを飼っていた子どもの健康記録を調べ、家でペットを飼っていた子どもとアレルギーや喘息の少なさに相関関係があることを見い出した。さらなる研究（とりわけイヌを飼っている家と飼っていない家の若いマウスとほこりに関するもの）で、腸管内に特定の菌種ラクトバチルス・ジョンソニ（*Lactobacillus johnsonii*）が多いことが判明したが、このことから、動物とのふれ合いで生じる影響は免疫系の調節によって生じている可能性が考えられる。また約3000人の子どもを調べた別の研究は、生後1年の間に室内犬（室外犬、ネコ、家畜ではない）とふれ合ったことと発症前の1型糖尿病の間に逆の相関がみられたことを報告している。こうした相関関係はヒトについての明確な因果関係を示しているわけではないが、アレルギーのリスクを減らすプロバイオティクスなどの製剤の設計につながる新たな興味深い研究分野を示唆するものである。

本章掲載の画像用に、私は同僚たちとトイレの洗面台、冷蔵庫、電子レンジ、キッチンのスポンジ、歯ブラシ、トイレ、さらにはヘッドフォンといった一般的な家庭内の場所や物から試料を綿棒で採取し、私たちの身のまわりに生息しているバクテリアの種類を調べた。

それぞれの試料を採取してペトリ皿のゲル表面に塗布すると、その結果から多くのことがわかった。日々口の中に入れている物自体——歯ブラシ——からはペトリ皿でバクテリアがまったく生じなかった。これはおそらくバクテリアの繁殖を抑えるために使っているフッ素のためと考えられる。これに対し、キッチンのスポンジには多くのバクテリアが含まれていたが、これは絶えず私たちの手から食べ物のかけらや微生物を集めている（そして完全にきれいにされることがめったにない）からだろう。一方で、冷蔵庫、トイレ、洗面台などの湿った環境の試料からは同じペトリ皿にバクテリアとともに数種類のカビが成長した。こうした条件は、しばしば湿気、糖分、塩分が多く、でこぼこしているため、真菌にとっては他のバクテリアの侵入者よりも優位に立つチャンスが得られるのだ。

ラボで私たちみんなで育てたイヌのクーパーから得た試料は、ペットのマイクロバイオームの複雑な影響の好例となった。毛皮から取った試料はさまざまな微生物種を示し、とりわけ土壌に住むバクテリアとみられる多くの糸状のコロニーが成長した。同様に足をじかにペトリ皿のゲルに押しつけた場合も多様で豊富なバクテリアが見られた。こうした菌の多くは、既知のバクテリアが好んで物体の表面上で遊走したり、パターン形成したりする土壌などの生態系から来た可能性が高い。すべてのバクテリアが標準的なLB（溶原培地）寒天培地のペトリ皿で成長するわけではないため、私たちはクーパーの口内と便から採取した試料を、標準的なLB寒天培地のペトリ皿と、培養の難しいバクテリアが成長できる血液寒天培地のペトリ皿の両方に塗布した。全体として、これらのペトリ皿では主要な培養可能なバクテリアが数種類成長したが、DNAシーケンシング法を利用すればより完全な目録が得られるはずである。

微生物学的観点からいえば、「家とは心の宿るところである」という表現はそれほど的外れではない。私たちが大邸宅とワンルームマンションのいずれに住もうと、農場に住もうと都市部に住もうと、私たちの居場所は私たちと私たちが招き入れる微生物の入り混じったものとなる。加えて、ミクロの宇宙版の双方向的関係においては、微生物は私たち自身の体のマイクロバイオームに影響を与えているのである。住居内での人間と微生物の複雑な関係はいまだ完全に解明されてはおらず、解明されれば健康においてだけでなく、住居環境のホリスティックな設計においても深い示唆を与えるはずだ。それでも、微生物群集が豊かで多様な生態系を生み出すのに役立っていることはすでに明らかである——彼らは常に怖がり、根絶すべき、招かれざるゲストからはほど遠い存在なのだ。

土壌によくみられるバチルス・シュードミコイデス。複数の色素で染色することで遊走する形態を際立たせている。

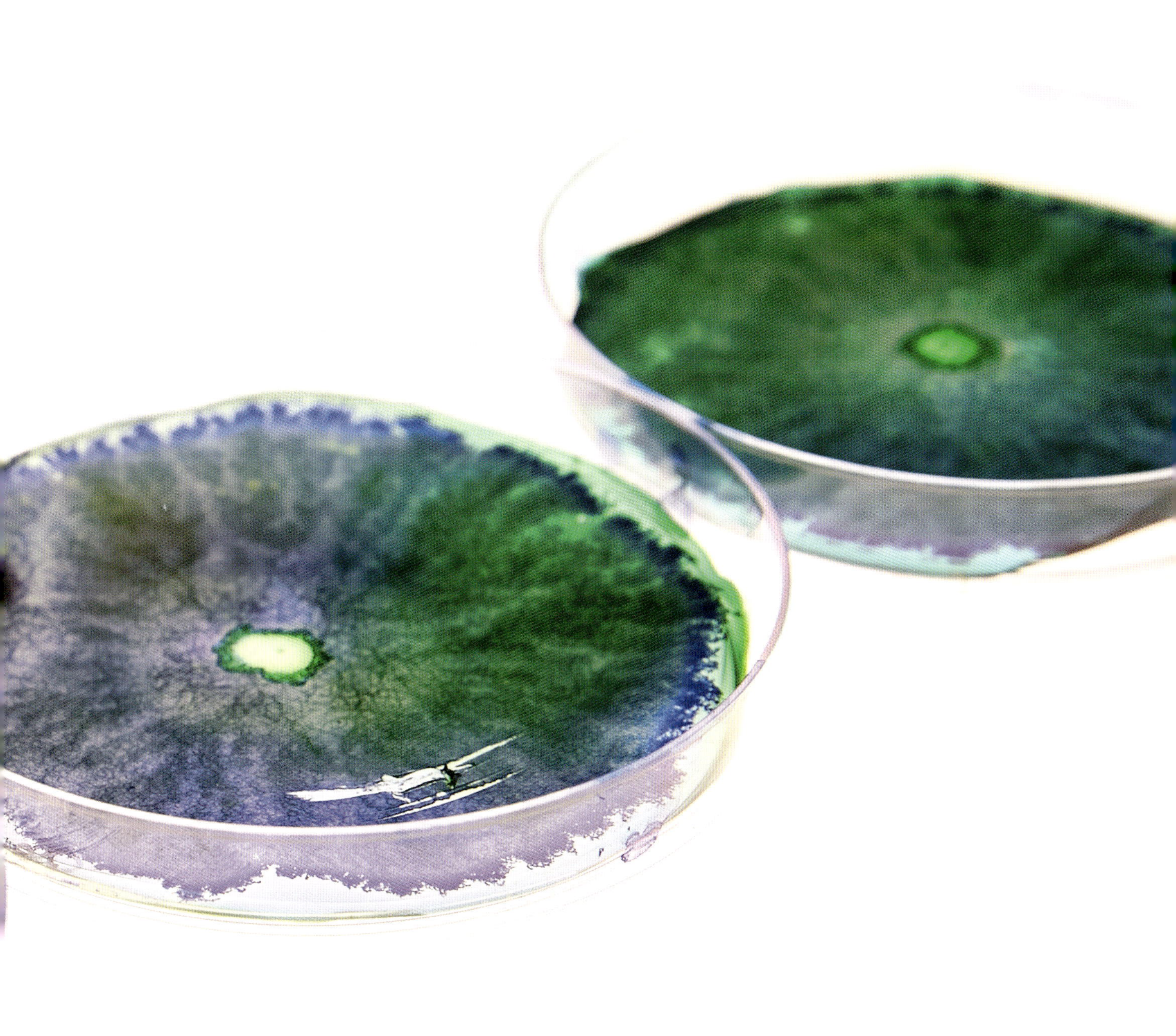

バチルス・シュードミコイデス

LB寒天培地の一部に画線し、2日間培養したセラチア・マルセッセンス。天然に作り出された独特の赤色色素を示している。

LB寒天培地全体に塗布し、1日培養したセラチア・マルセッセンス。
ペトリ皿全体に広げたことで、コロニーが散らばって成長している。

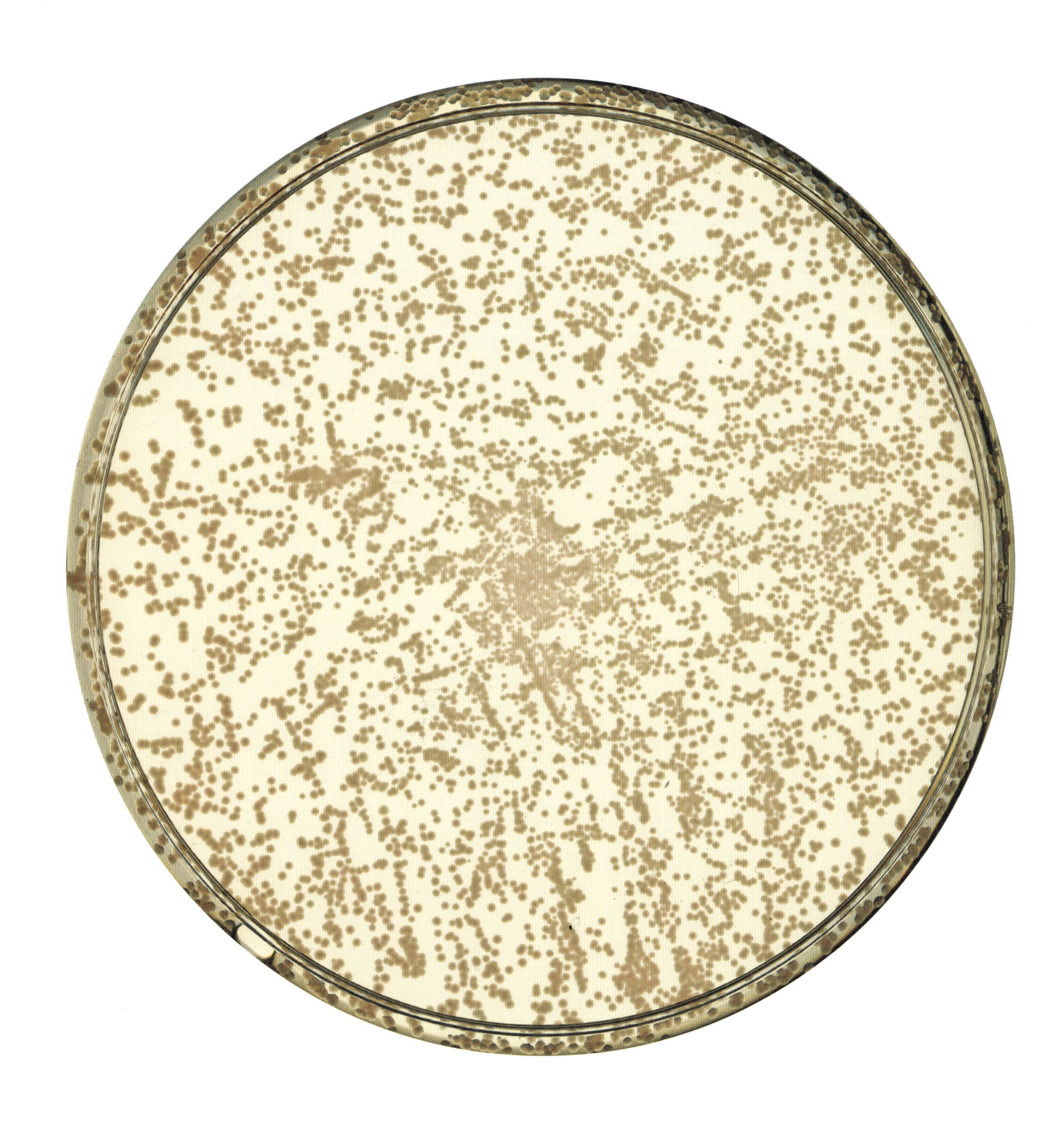

家の周辺で採取し、ペトリ皿で培養した試料から成長したバクテリアとカビ。

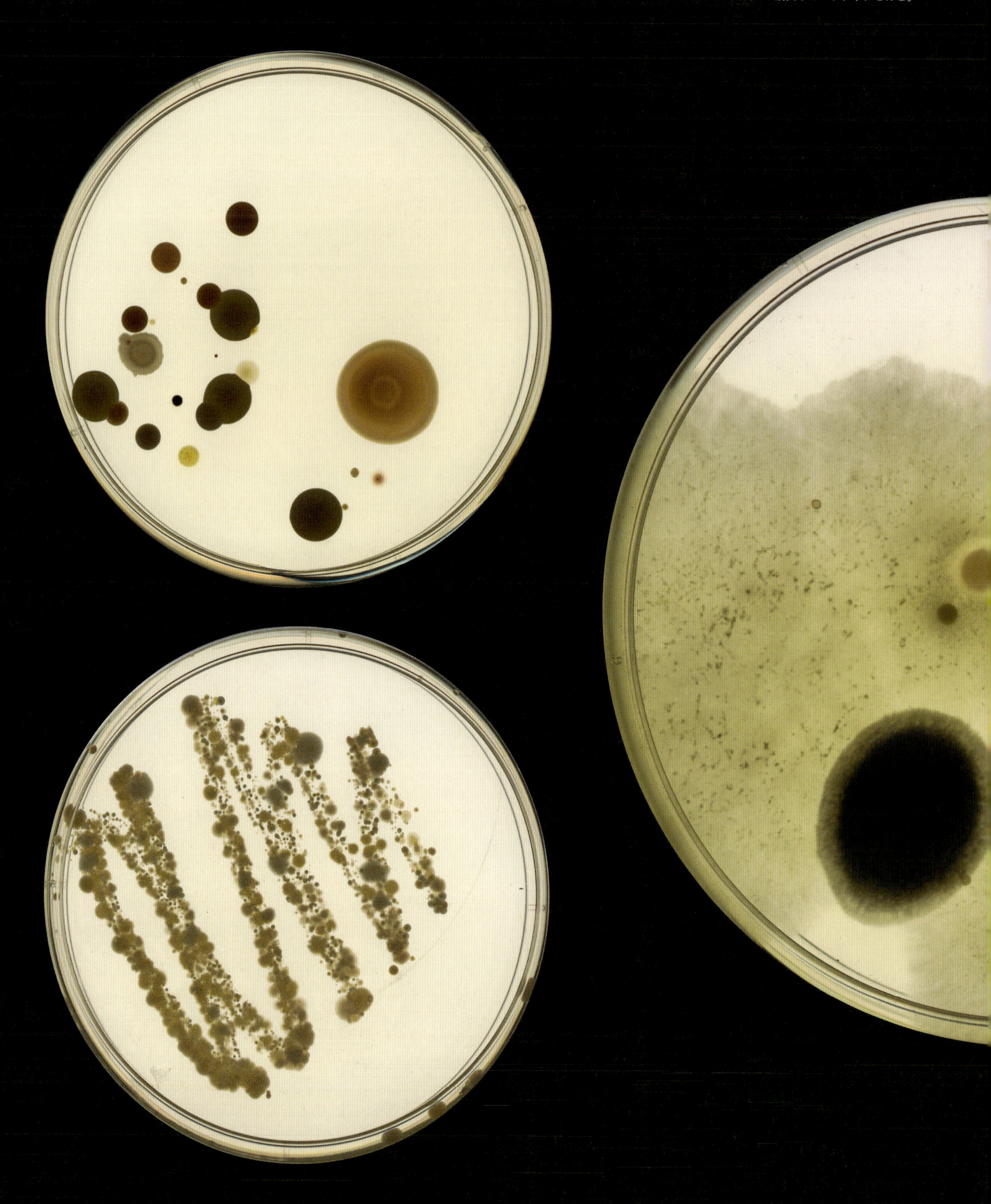

（上）流し台、（下）スポンジ、（中央）冷蔵庫

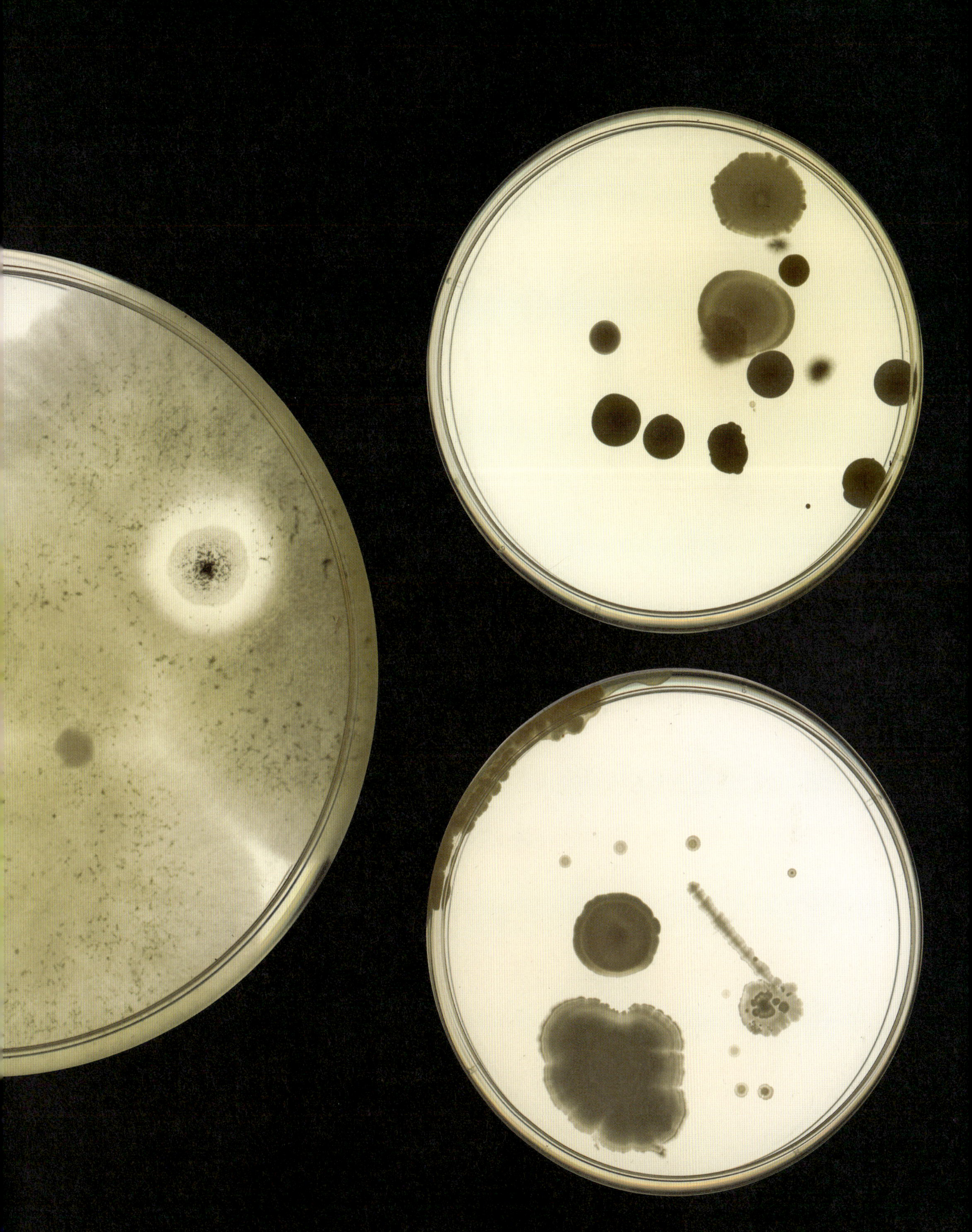

（上）トイレ、（下）電子レンジ

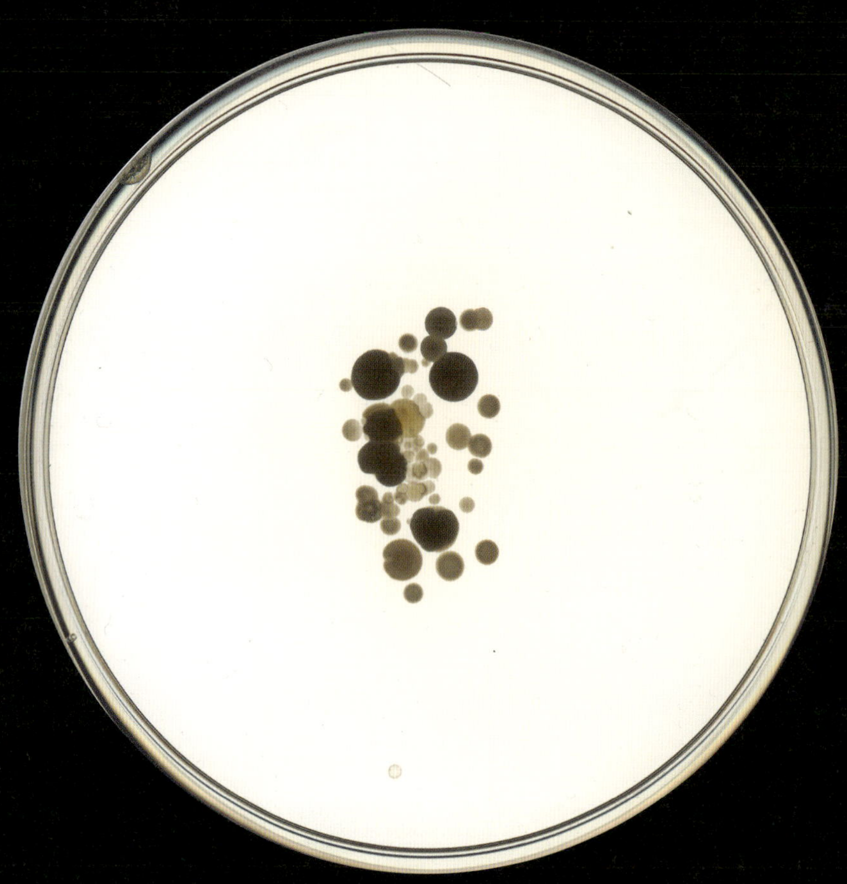

寒天培地にじかに押しつけるか、

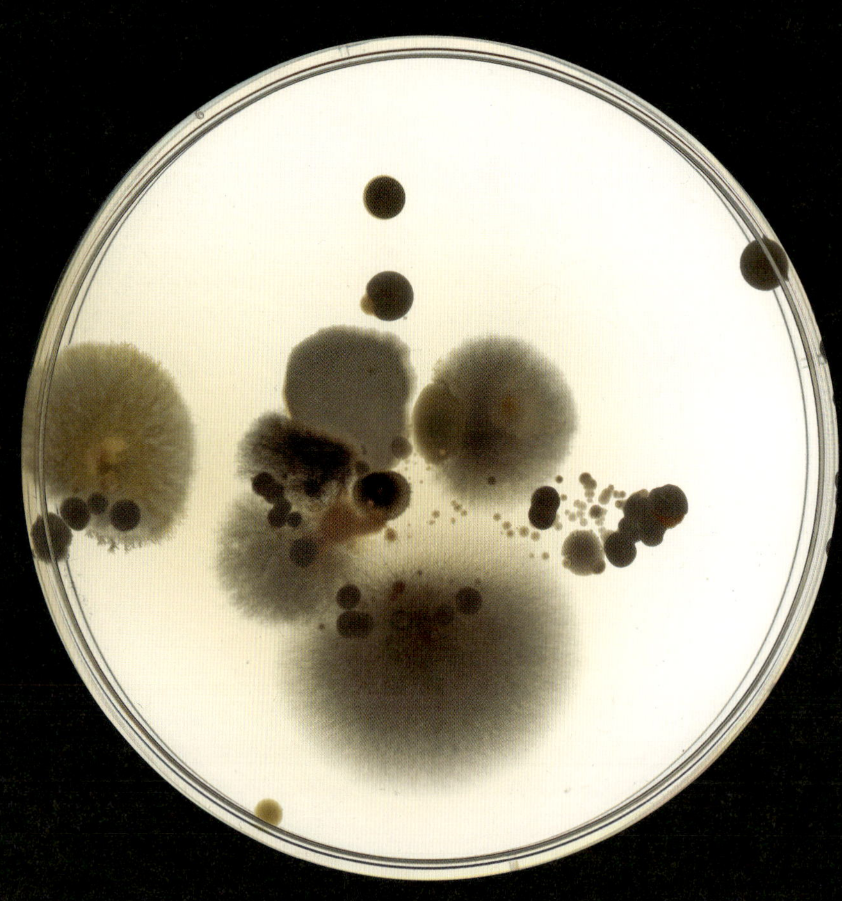

（上）イヌの舌、（下）イヌの鼻

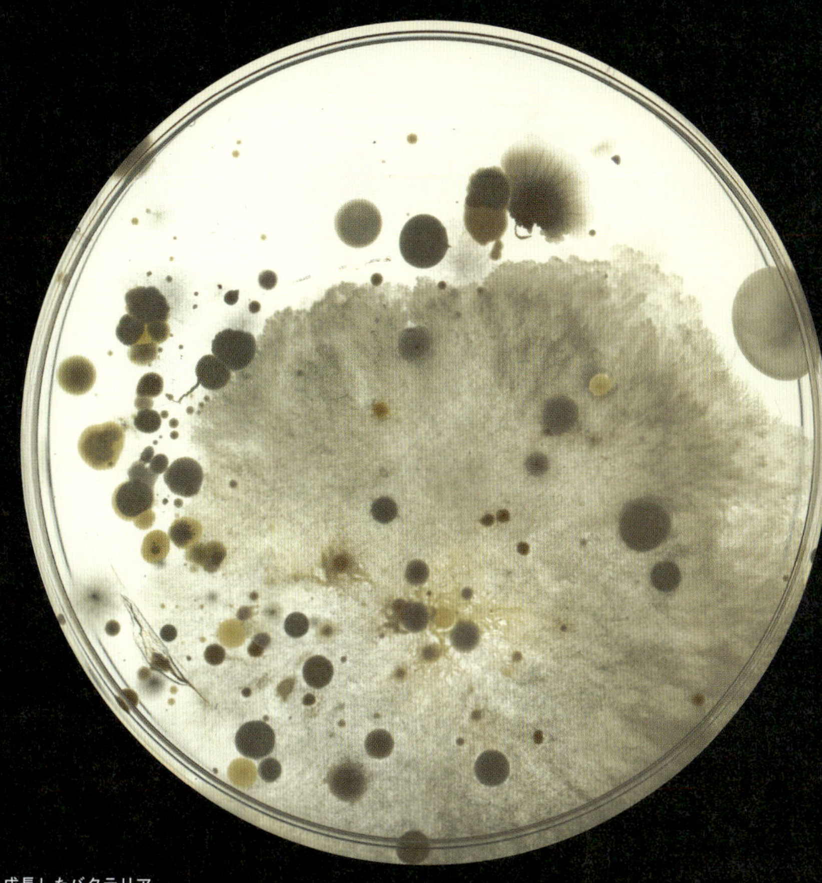

綿棒で採取したイヌの試料から成長したバクテリア。

（上）イヌの足、（下）イヌの毛皮

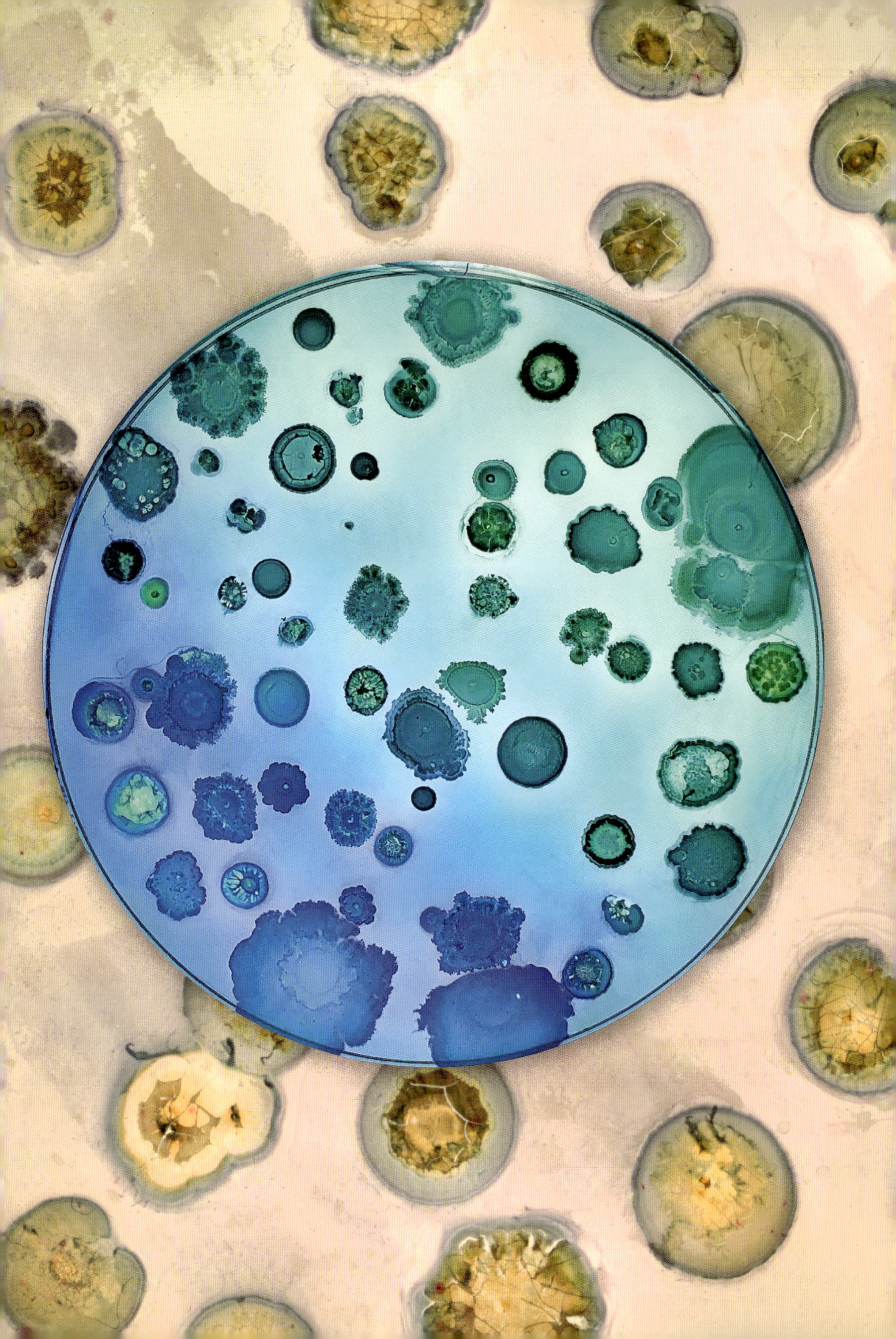

# 第8章
# 競争と共存
## 私たちの社会の中

それぞれのバクテリアコロニーの中には数百万個のバクテリアからなる社会がある。都市が交易や交流のハブとしての役割を果たしているように、バクテリアコロニーは隣り合うコロニーとのやり取りを行う生物学的ハブとなる。こうした相互関係は、協力や互いに利益を得る交換から競争や紛争、資源の分かち合いから交戦に至るまでさまざまである。ちょうど人間の社会が集団で機能して繁栄するように、バクテリアコロニーも複雑な相互作用を生じて社会的ネットワークを形成しており、これがバクテリア群集の構造とダイナミクスを形作っている。

防御メカニズムは一般的に毒素や抗菌物質を分泌することでコントロールされる。具体的にはある種のバクテリアコロニーが分子を作り出し、それが拡散して隣り合うコロニーとの境界まで届く。例えば、土壌中や住居内でよくみられる枯草菌は、スブチリンやバシトラシンなどの抗生物質を作り出すことで、競合するバクテリアコロニーにとって厳しい環境を生み出し、基本的にはこのメカニズムを使って他のバクテリアが自分たちのテリトリーに侵入してくるのを防いでいる（興味深いことに、これは塗り薬の抗菌薬として使われているのと同じバシトラシンである）。

おそらく微生物コロニーの相互作用について思いがけなく発見され、最も有名になった観察エピソードのひとつは、1928年に微生物学者でもある医師アレクサンダー・フレミングによるものだろう。フレミングは、ブドウ球菌の入ったペトリ皿を、うっかりふたをせずに開けた窓のそばに置いたまま休暇に出かけてしまった。休暇から戻ると、皿の中にカビが成長しているのにフレミングは気づいたが、驚くことにそのカビのまわりにはバクテリアの成長がみられなかったのである。のちに彼はこのカビがアオカビ（*Penicillium*）属の真菌であることを突き止め、このカビが作り出す抗菌物質をペニシリンと名づけた。科学者のハワード・フローリーとエルンスト・チェインがこの活性化合物についてさらに開発を進め、治療用にペニシリンを大規模に精製、開発するのに成功した。他にも同じような形で多くの抗生物質が発見されており、例えば土壌中のバクテリアから分離されたストレプトマイセス・グリセウス（*Streptomyces griseus*）が作り出し、結核（原因菌マイコバクテリウム・ツベルクローシス［*Mycobacterium tuberculosis*］）やペスト（原因菌エルシニア・ペスチス［*Yersinia pestis*］）を治療できることが知られているストレプトマイシンがある。

とりわけペトリ皿という限定された空間の中では、バクテリアコロニー同士がどのように協力し合ったり、競合したりするかを観察することができる。ダニノラボでは、バクテリア同士の共存を示すために、バチルス・ミコイデス、パエニバチルス属の菌、セレウス菌（*Bacillus cereus*）などの土壌から分離し

左ページのふたつの画像は400人の同僚から採取した試料からのもの。ペトリ皿で別個の菌種を多数培養した後、美術用色素で染色し、コロニーとパターンを際立たせるために科学用色素を加えている。

たバクテリアを使ってペトリ皿を作成した。そして得られた結果を一枚ずつ染色した。寒天板に美術用色素と科学用色素を注入し、洗い流して染色されたバクテリアを明らかにした。美術用色素はペトリ皿を着色するのに対し、科学用色素はバクテリアのみを対象とするもので、これにより観察者は微生物のコロニーとパターンを容易に見分けることができる。その結果は、互いにコミュニケーションを取り合い、資源をめぐって競争し、より大きな群集としてともに進化する微生物の生き方を示していた。大きな正方形のペトリ皿の複数の箇所に、バチルス・ミコイデスとパエニバチルス・デンドリティフォルミスという2種類のバクテリアを付着させた（121ページの上の画像参照）。各コロニーはそれぞれ独自の成長パターンを示し、糸状に成長するものもあれば、他の遊走する形態を示すものもあった。この例では、バクテリアたちは互いを阻害するような相互作用をあまり示すことなく成長し、コロニーはペトリ皿の空いているスペースをすべて満たした。しかし、コロニー周囲にできた「輪」からわかるように、近くのコロニーの成長を阻んだものもあった。

別の実験では、ペトリ皿の中心に遊走性のバチルス・ミコイデスの単一コロニーを付着させ、まず皿上の空間を支配させた。ペトリ皿のふたを開け（私たちのラボではあまり行われない）、環境中にいる外部のバクテリアが侵入するとどうなるかを観察した（121ページの下の画像参照）。小さなコロニーがいくつか成長したが、他の遊走性の菌種のような固体の表面をすばやく動く能力を持たないために、その半径は小さかった。そうしたコロニーは最初のバチルス・ミコイデスの成長パターンの経路を阻むことができた。同じ実験の別のケースでは、最初の菌の成長期間を長くとり、侵入者、特にパエニバチルス属の菌がいかに空白スペースの多くの部分を乗っ取り、他の菌種と共存できるかを示した（120ページの下の画像参照）。最後に、敵対的な関係をもっとシンプルに探るために、バチルス・シュードミコイデスのコロニーのみを複数付着させたところ、それらのコロニーは局所的に群集を形成して成長し、互いのテリトリーを侵食することはなかった（122、123ページ参照）。最終的には、さまざまなバクテリアコロニーは、互いの相互関係が敵対的か、友好的か、無関心かにかかわらず周囲に定着し、やがて持続的な共存状態へと進展した。

ヒトの微生物との共存はマイクロバイオームの形成に強い影響を与える。例えば、一緒に暮らしている人々は互いに近づき合い、住居内で同じ物の表面に触れ、同様の食べ物を食べ――微生物を分かち合う。研究では、百万単位の微生物のやり取り、キスでは8000万個、握手では1億2000万個のやり取りが生じることが示されている。家族はそのメンバーに特有の菌種を分かち合っていることが多い。近年のある研究は、家族メンバー同士は、無関係な人たちよりも口腔、腸内、皮膚の微生物叢が類似している場合が多いことを示している。親が自分の子どもと示す微生物の重複は、遺伝的につながりのない場合であっても親子関係のない子どもとの間よりも多い。こうした微生物学的絆は生涯続く可能性すらあり、ある研究では母親と成人になった娘の間で菌種が共通していることを認めている。「職場仲間」も微生物叢を共有している。というのも、職場の共用の洗面所、キッチン、会議室はいずれもアイデアだけでなく、微生物も容易にやり取りできる場だからだ。

ある集団中で生息する微生物を視覚化するべく、ダニノラボでは、約400人の人々からバクテリアを採取した。生理食塩水を入れた共用のボウルを企業のイベント会場の入り口に置き、その中に手や指を

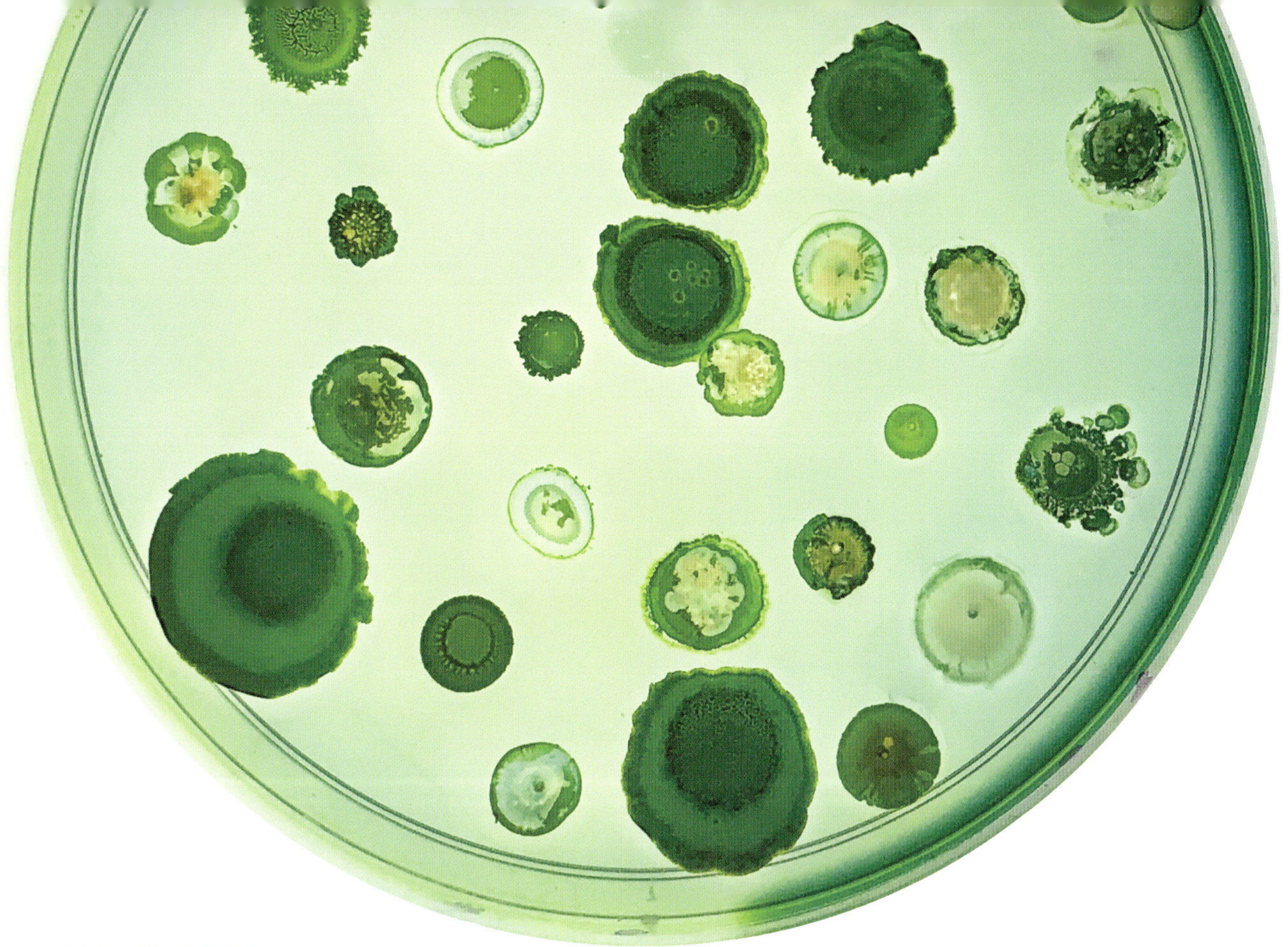

400人の同僚の共有試料から成長した数十のバクテリアコロニー。これらの菌種は主に皮膚マイクロバイオームに由来するもので、土壌中のバクテリアと比べて成長度や運動性が低いことがわかる。

浸すことで従業員に試料を「提供」してもらったのだ。ボウルに手や指を浸すことで、各人の手から多少のバクテリアがはがれ落ち、コレクションに加わる。イベントの終了後、この共用の試料液の一部でペトリ皿のゲル上に画線し、バクテリアを培養した。次に多様なバクテリアをひとそろい選択し、可視化のために色素で染色し、展示用に樹脂を使ってバクテリアをペトリ皿に封入した。

別のプロジェクトでは、ある社会的ネットワークの中の多数の微生物試料を対象とし、共有される微生物が多様な形で繁茂する様子を示した（124-127ページ参照）。2015年、私はアーティストのアニカ・イーとコラボし、『あなたは私をFと呼んでもよい（*You can call me F*）』という彼女のアートシリーズの一環として、ある社会的ネットワークに属する女性たちから採取した試料をペトリ皿で培養した。数週間の培養後、ペトリ皿は丸いキャンバスの中に描かれた抽象画のようになった。ペトリ皿上でさまざまな色に成長したのはほとんどがバクテリアコロニーだったが、真菌コロニーも見られた。それぞれのペトリ皿は、人生の特定の場所と時期におけるネットワーク内で共存している個人のマイクロバイオームの記録であるだけでなく、微生物の世界の中に存在する競争と共存のパターンの記録でもあるのだ。

競争と共存は私たち人類がこの地球上で過ごしてきた時代を特徴づけてきた。だがおそらく、ルイ・パストゥールが19世紀に語ったように、「最後に勝つのはバクテリアなのだ」。現在の、人間の活動が地球の生態系に顕著な影響を及ぼしている地質年代である「人新世（じんしんせい）」の後にくる未来を想像してみてほしい。人類が地球全体の気候や地質学的変化に及ぼしている脅威のために、おそらくは、数十億年前にそうであったように、微生物が地球上で生き残る唯一の生物種となるだろう。この想像上の新たな地質年代、「微生物新世（*Microbocene*）」では、微生物が巨大スケールで広がる都市を建設して暮らし、調和の取れた永続する共存状態へと徐々に進化しているのかもしれない。

（本ページと右ページ）
大きな正方形のペトリ皿に付着させた土壌中のバクテリアが成長し、空白を満たしている。互いに敵対せずに交流しているコロニーもあるが、周囲に生じた「輪」からわかるように他のコロニーを寄せつけないものもある。

バチルス・ミコイデスが中心に成長しているが、いくつかの小さなコロニーがその成長を抑えている。パエニバチルス属のバクテリアの侵略的なコロニーが成長し、ペトリ皿を横断して遊走し始めている。

私たちのラボが2015年にアーティストのアニカ・イーと行ったコラボレーションで、
女性たちから綿棒で採取した100種類のバクテリア試料により作成したペトリ皿。

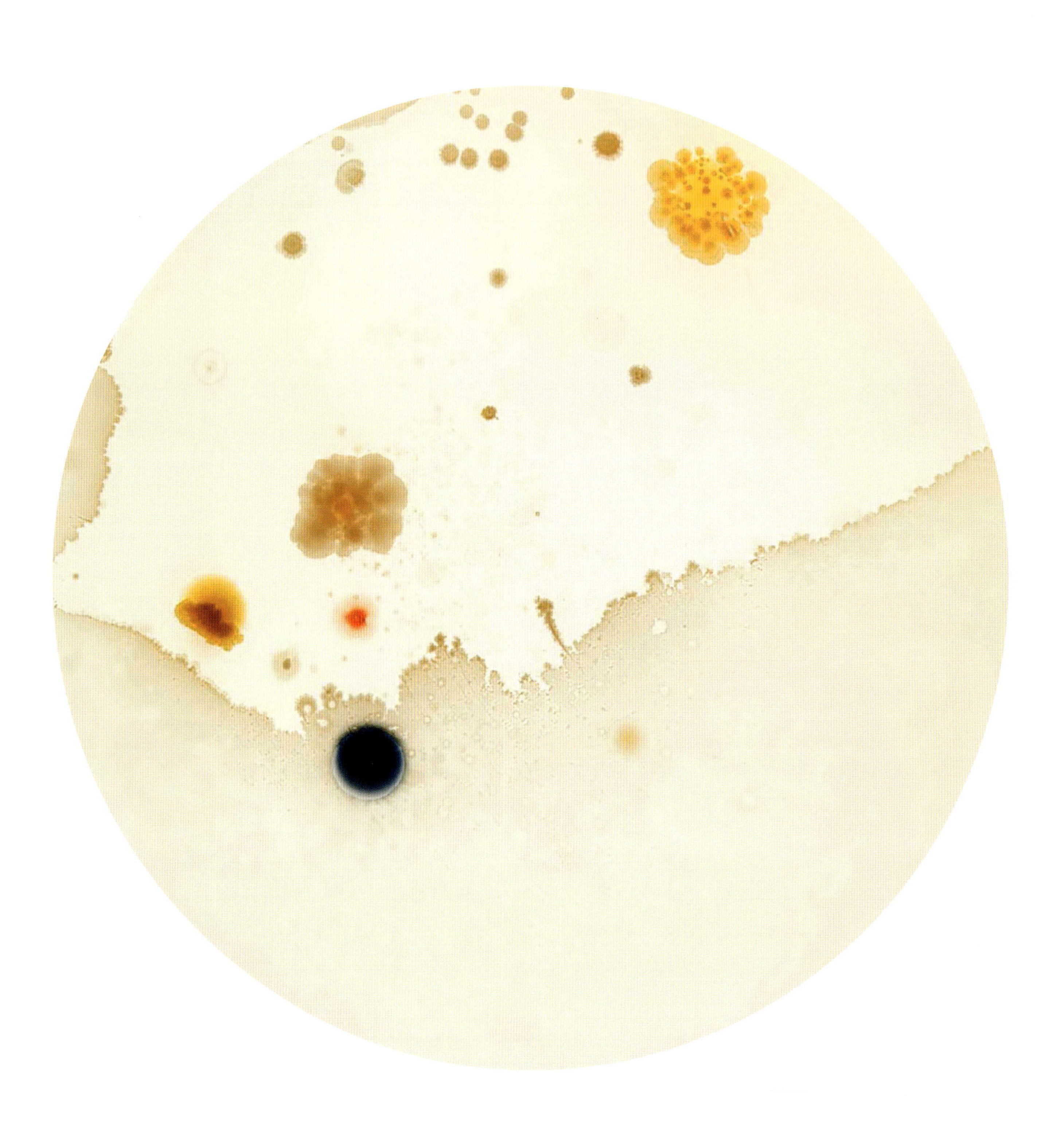

1人目

各ペトリ皿で、多様なバクテリアと真菌が、全体として異世界
の風景のように見える複雑な微小世界を作り出している。

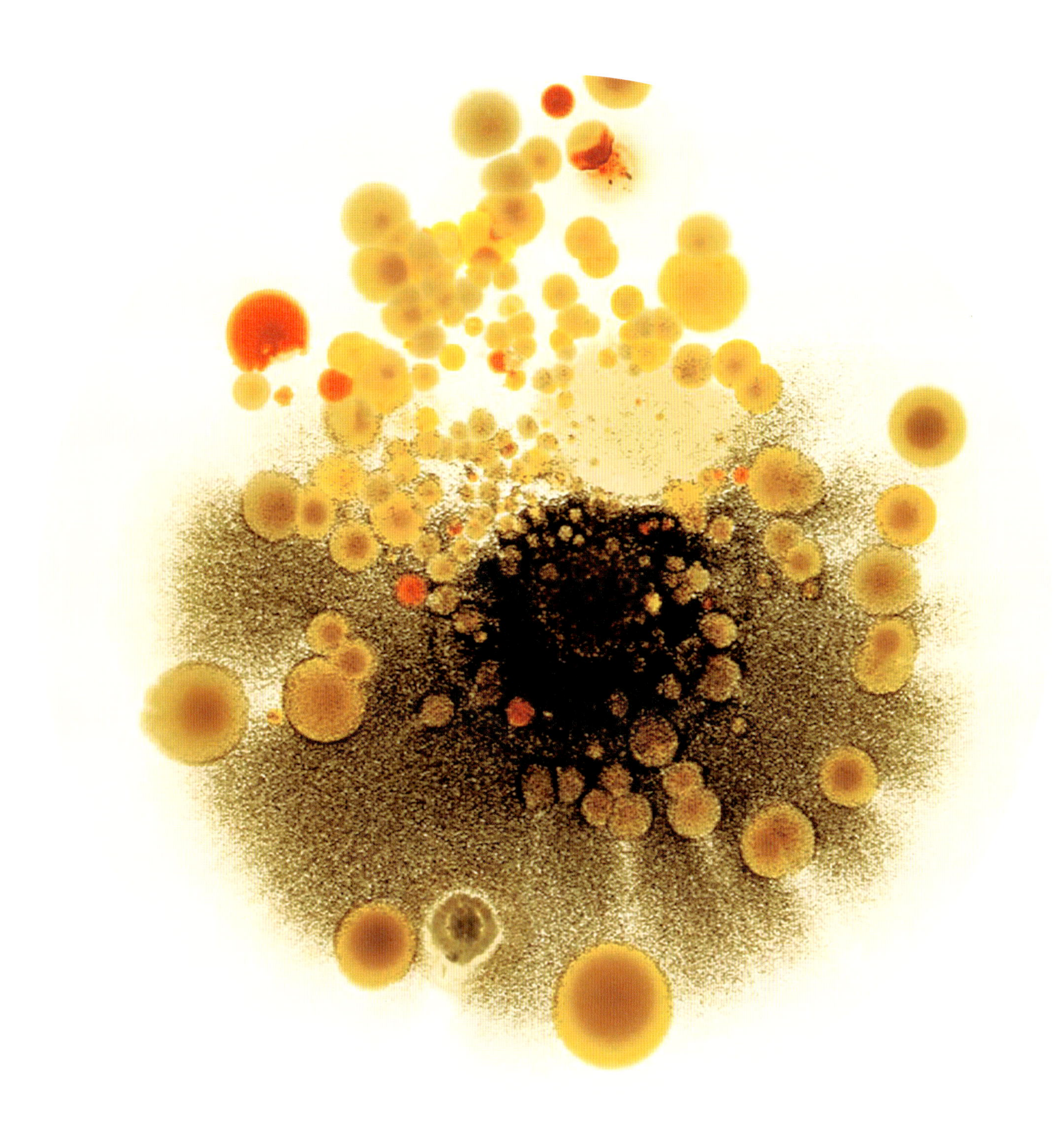

2人目

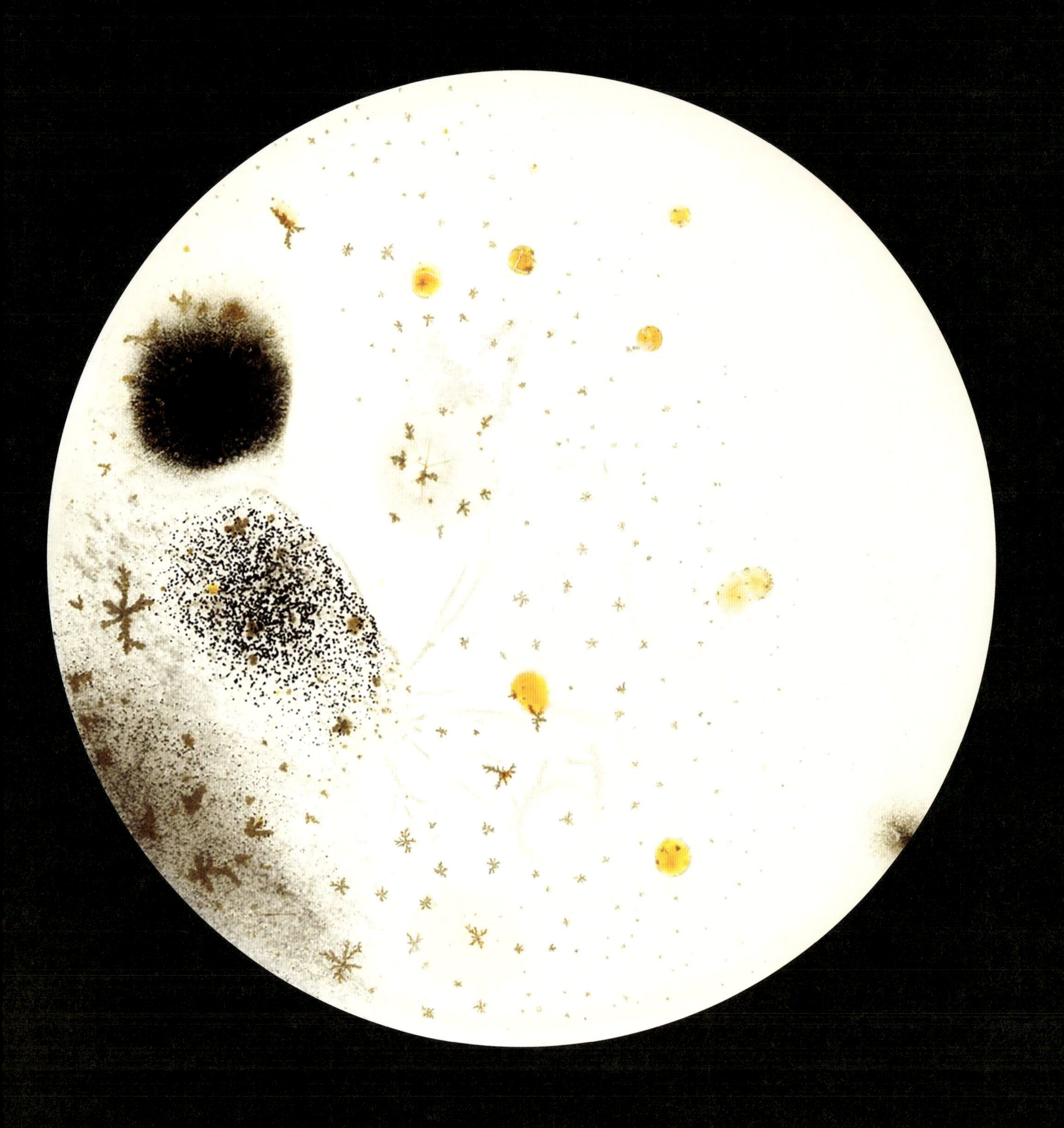

3人目

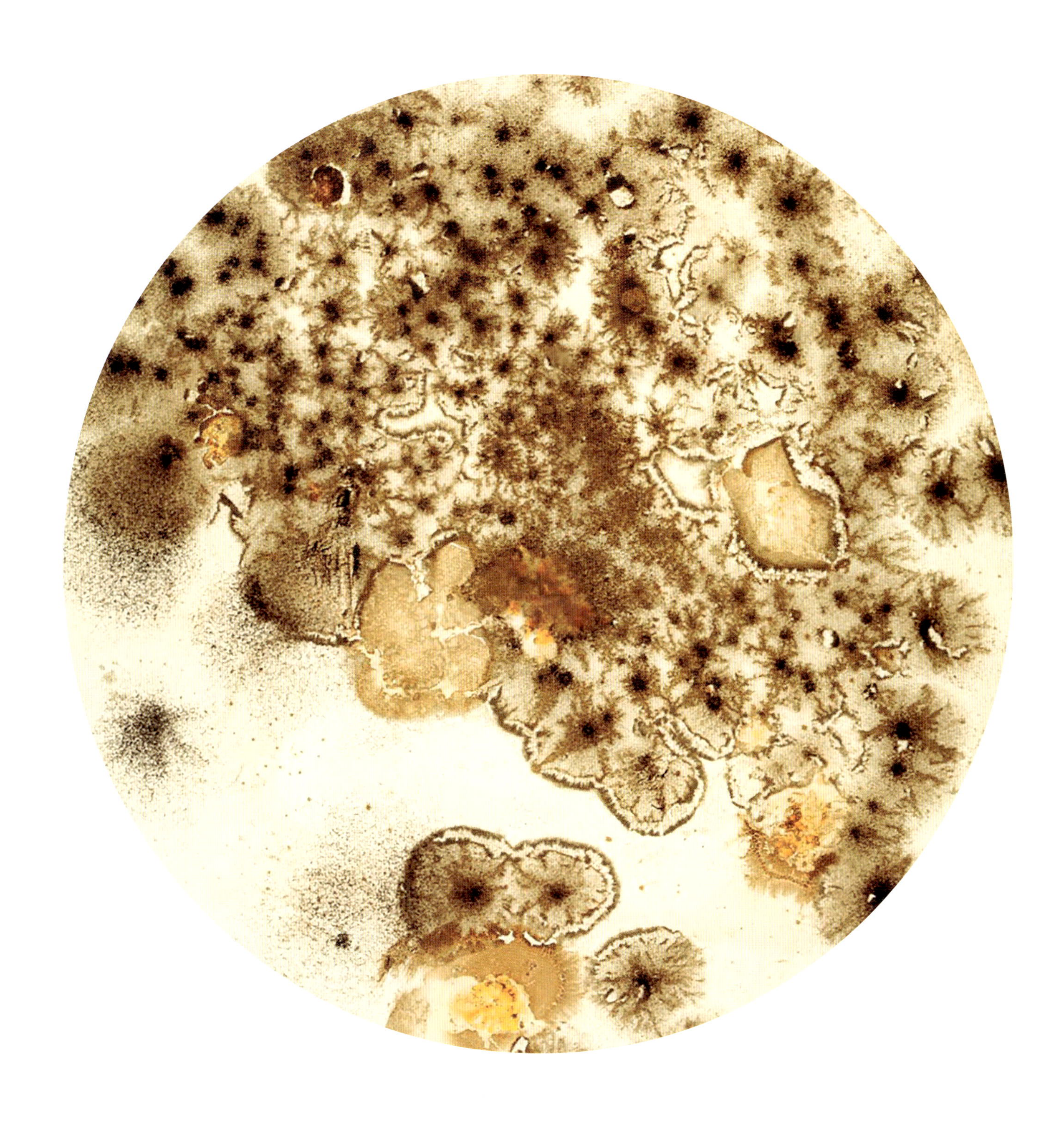

4人目

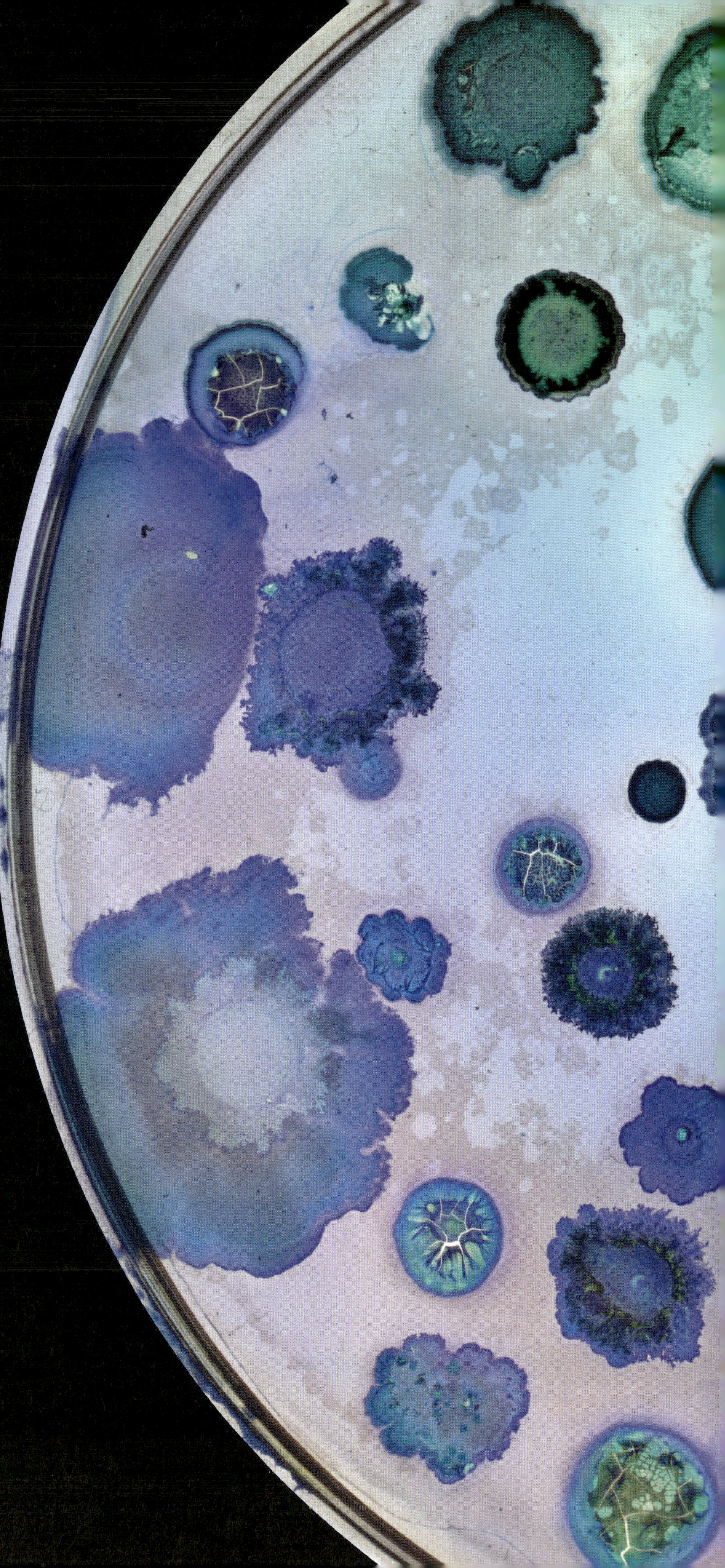

（本見開きと次見開き）
共有試料から付着させた複数のバクテリアコロニー。染色して乾燥させ、樹脂に包埋している。

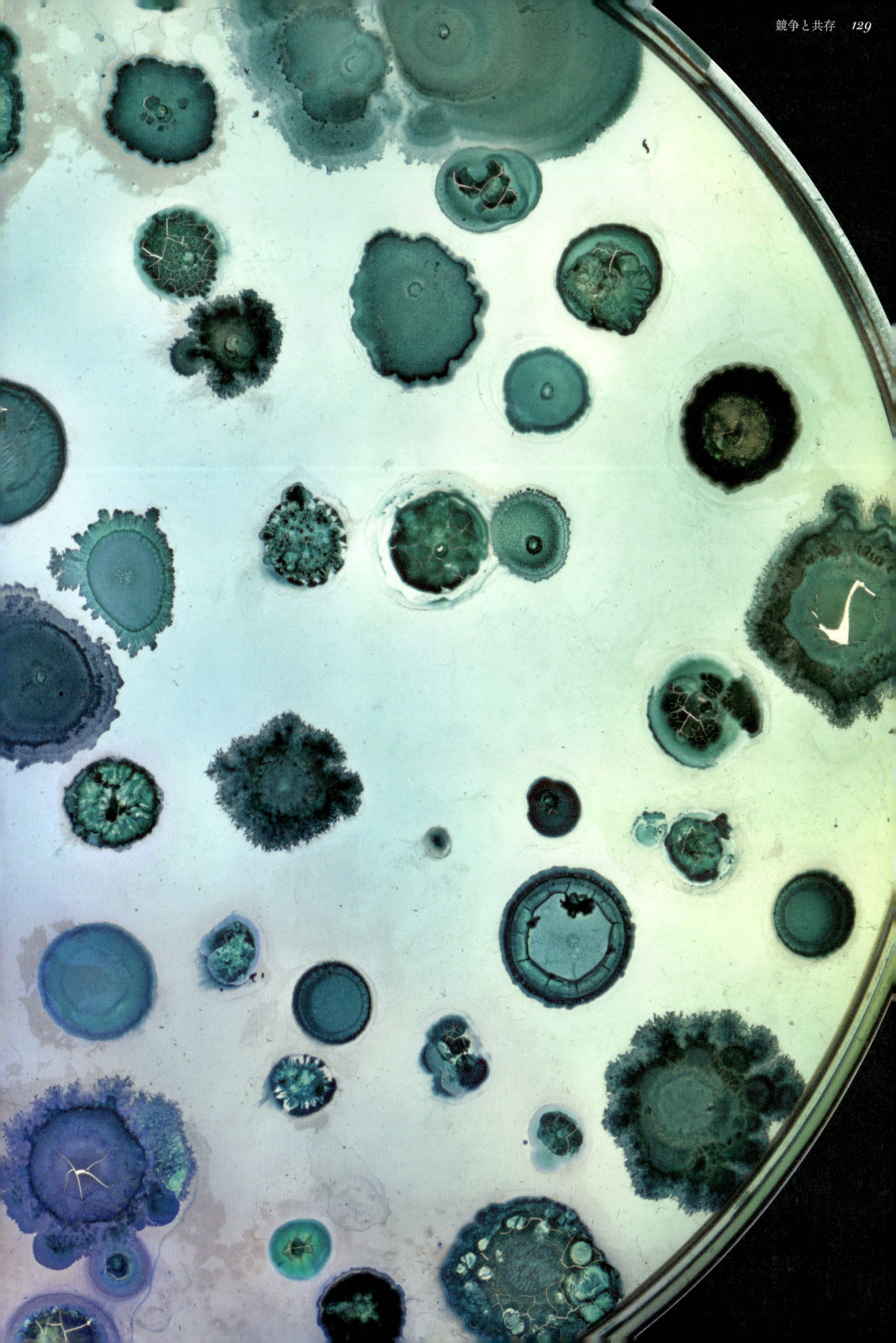

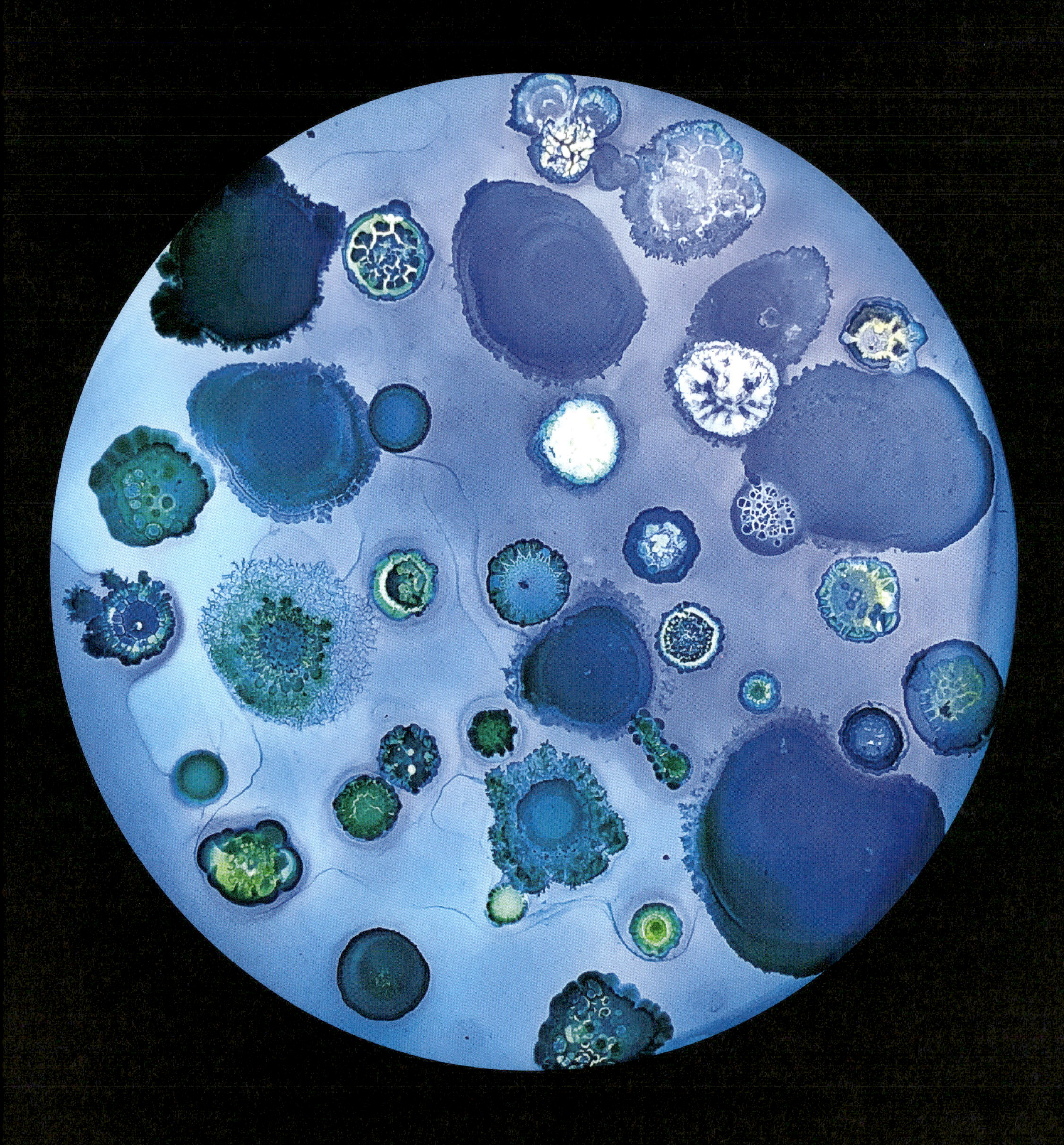

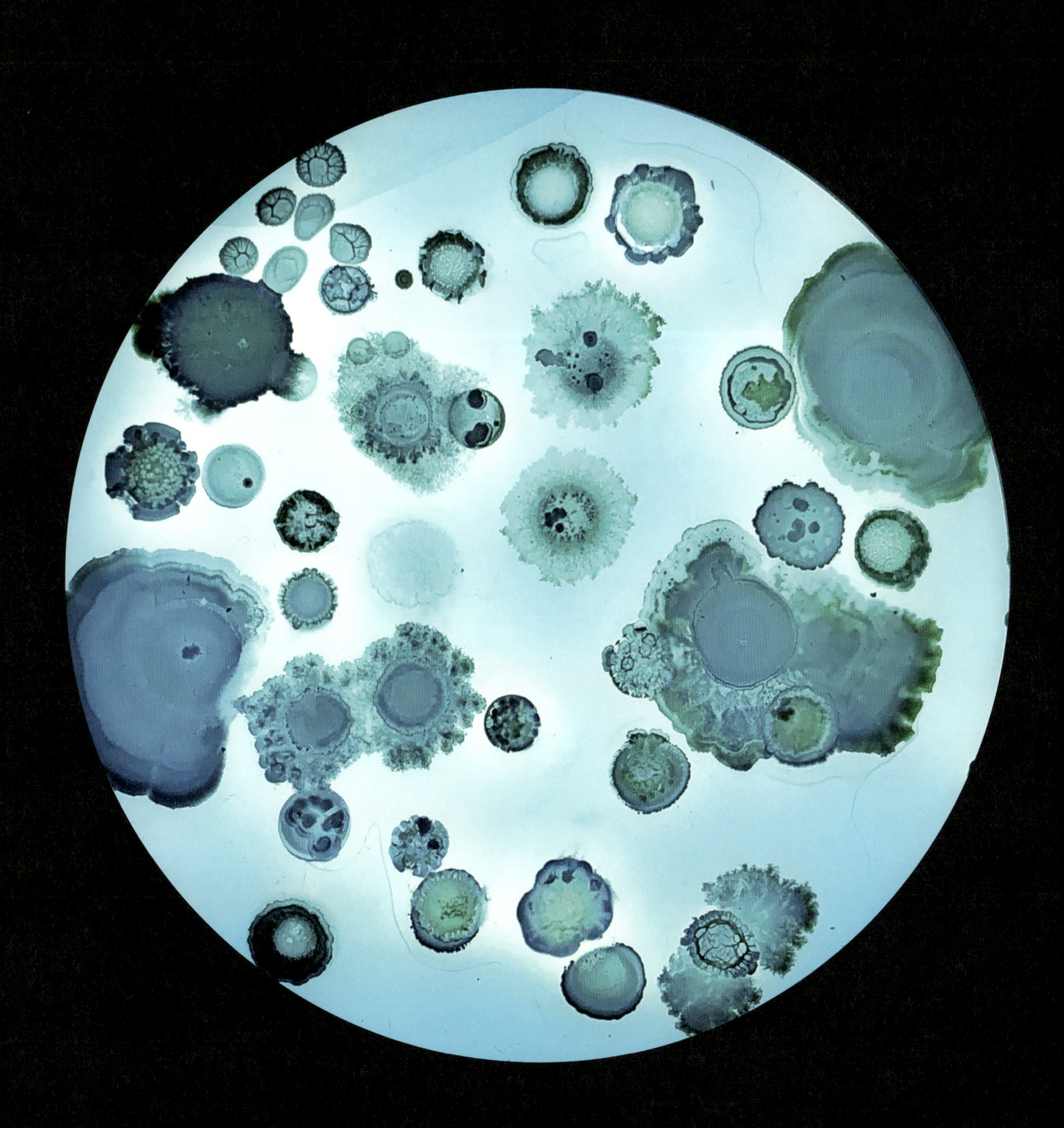

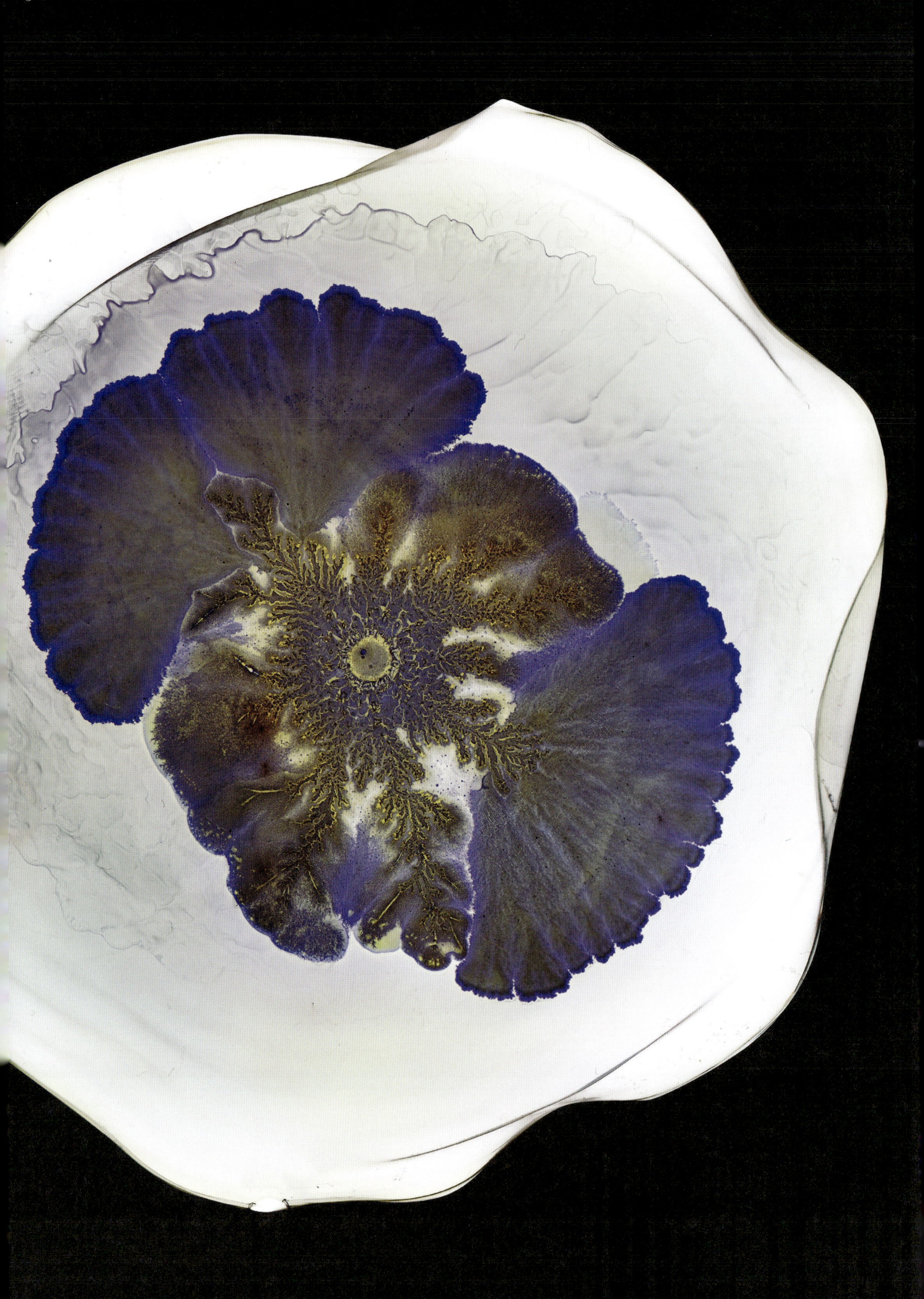

# 第9章
# バクテリアの分布図
## 私たちの地球上

私たちのすぐ足元には、地球上で最も多様かつ謎につつまれた微生物の群集のひとつが存在している。単なる「土」として見過ごされがちだが、土壌は無機物、有機物、多様な微生物が混在する驚くべき存在なのだ。微生物は、私たちの地球の地表で、バクテリア、真菌、その他の生物からなる活気ある群集を宿して、生きた皮膚の役割を果たしている。こうした微生物たちは、分解、炭素や栄養素の循環、病気の抑制、植物の成長の調節といった不可欠な地球の機能に貢献しているのだ。小さじたった一杯分の土壌の中には、1000種類以上からなる10億ものバクテリアが存在している。人間の腸を活気ある大都市になぞらえることができるなら、土壌は、ミミズ、線虫、ダニなどの土壌中に生息する他の住民、また甲虫、アリ、シロアリといったさまざまな昆虫と共生する微生物の住まう広大な銀河系間都市のようなものである。こうした土壌中の生物すべてがともに複雑な相互作用の網の目を紡ぎ、それが地球上の生命を形作っているのである。

「我々は足の下の土よりも天体の動きに詳しい」とかつてレオナルド・ダ・ヴィンチは述べている。土壌を含む生態系中に生息するバクテリアの役割を解明するための第一歩として、バクテリアの分布図、つまり目録が作られてきた。近年では、地球上のマイクロバイオームの包括的なゲノム記録を作成する取り組みが始まっており、その中には配列が決定され、目録化された5万種を超えるバクテリアのゲノムも含まれている。世界に存在するバクテリアの目録作成はまだ初期の段階にあるが、バクテリアの多様性がこれまでの推定を超えるものであることはすでに明らかであり、まだまだ魅力的な形態やパターンが発見を待っている。

地球上に生息するバクテリアの純然たる多様性を考えれば、おそらく最大の驚きのひとつは、地球上のバクテリア世界の住民たちがいかに似通ったものとなり得るかということだろう。ある研究で、ニューヨーク市のセントラル・パークの土壌中で12万種以上のバクテリアが繁栄しているのが発見され、そのほとんどはこれまでに同定されていないものだった。しかし、世界の他の地域で発見され、自然の生態系から採取されたバクテリアの多様性もセントラル・パークのものとそれほど違わなかったのである。その研究は、どこにどんなバクテリアが生息しているかについては、気候や地理的距離よりも、pHや温度といった土壌の環境条件のほうがいかに影響が大きいかについて記していた。つまり、新しいバクテリアを研究したり、発見したりするのに地元を遠く離れて移動する必要はないのだ。

土壌から分離し、ペトリ皿で培養したバクテリア種。染色し、乾燥させた後で、ペトリ皿の寒天培地が反って皿から浮き上がっている。

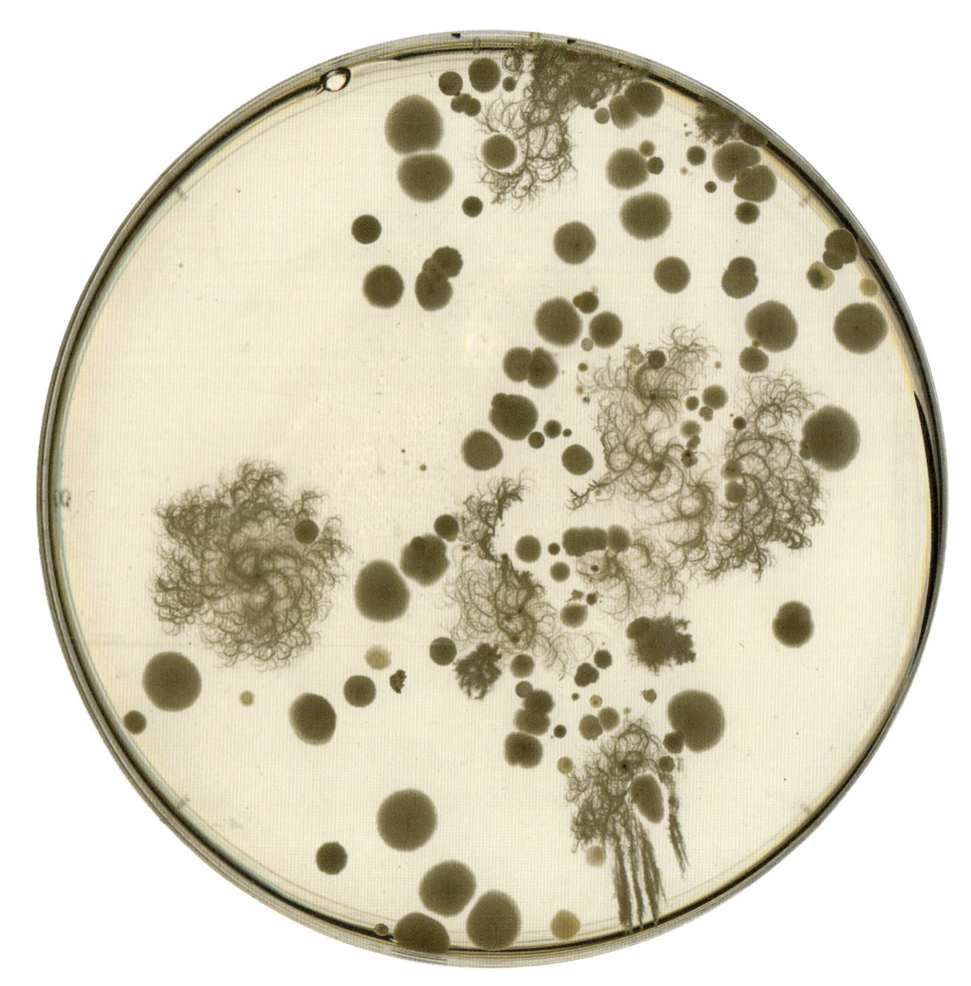

ニューヨーク市のアイシャム・パークの土壌から試料を採取し、ペトリ皿のLB寒天培地に広げた。糸状に遊走する多くのバクテリア種がみられる。

本章で示すのは、私の自宅、室内に置いた鉢植えのイチジク、戸外の植物、葉、岩から分離した土壌の試料である。ラボの同僚であるスンヒは、ハイキングコースから砂浜、水域に至る、世界中の多様な生態系を含む、複数の大陸にまたがるさまざまな場所で試料を採取した。私たちのラボで得た試料の一例に、学生たちがマンハッタンの約25ヵ所の公園から集めた土壌がある。形成されるパターンとコロニーの多様性は公園間でかなり似通っているように見える。多くはバチルス属の菌で、セレウス菌、バチルス・ヴィードマンニイ（*Bacillus wiedmannii*）、枯草菌などがみられる。私たちは黒色寒天培地も用いた。この培地は主にレジオネラ属の病原菌の分離に利用されるものだが、ここでは審美性とコントラストを高める目的で用いている。適切な条件で培養すれば、バクテリアコロニーの中には、明るい色で、コントラストが高く、劇的な背景を持つパターンを形成できるものがある。

土壌は、途方もない多様性があるということ以上に、私たちが食料を生産し、エネルギーや経済的繁栄を得るためにより所とする最も重要な生態系のひとつである。ある意味で、土壌は石油よりも価値あるものと考えることができるが、社会にとって極めて重要でありながら、世界的に都市部で暮らす人が増え、地下の世界と切り離される中で、その真価が理解されなくなってきている。こんにち、森林伐採や過放牧といった多くの農業のやり方のために広大な面積の土壌が劣化している。さらに、短期的に収穫高を増やそうと殺虫剤などの農薬を使用することで、土壌中の微生物のバランスと量が避けがたく損なわれ、有益なバクテリアが減り、有害なバクテリアが増えている。その結果、劣化した土壌はいまや世界の陸地面積の15～30％に及び、土地は食料や繊維の生産、また二酸化炭素の固定に適さなくなり、気候変動に大きな影響を及ぼすようになっているのだ。

「土壌を破壊する国家は自らを滅ぼす」。1935年に米国大統領フランクリン・D・ローズヴェルトが述べた言葉はいまも当てはまる。土壌は社会にとって有用な無機質と微生物の生態系からなり、地球の気候と健康に対し驚くべき影響力を持っているのだ。微生物はこうした生態系を維持するうえで根本的な役割を担っており、地球の持続可能性にとってなくてはならない存在なのである。だが微生物世界が気候変動や持続可能性といった環境問題に及ぼす影響についてはほとんど理解されていない。こうしたことから、ダニノラボでは、プロジェクトのひとつとして、土壌中に生息する微生物の役割を、食品製造に似た工程によりバクテリアを培養して乾燥、保存加工し、空から見た農場特有の長方形や円形を想起させるグリッド状にして展示することで、さりげなく伝えることにしたのである。

科学(サイエンス)と芸術(アート)が組み合わさることで、全体としての人間の健康と地球の健康とのつながり、また目に見えない微生物の世界と気候変動とのつながりに対する関心を呼び覚ます。ここでは培地はメッセージである。最も小さな生物がこんにち世界の直面している最も大きな問題を解決する鍵のひとつなのかもしれないというメッセージだ。生きているバクテリアの心のうちにあるものを私たちが理解する——そして操作する——ことができれば、持続可能な解決法を手に入れることは可能なのだ。

カリフォルニア州サンタモニカの浜砂から分離し、ペトリ皿で培養したバチルス属のバクテリア。

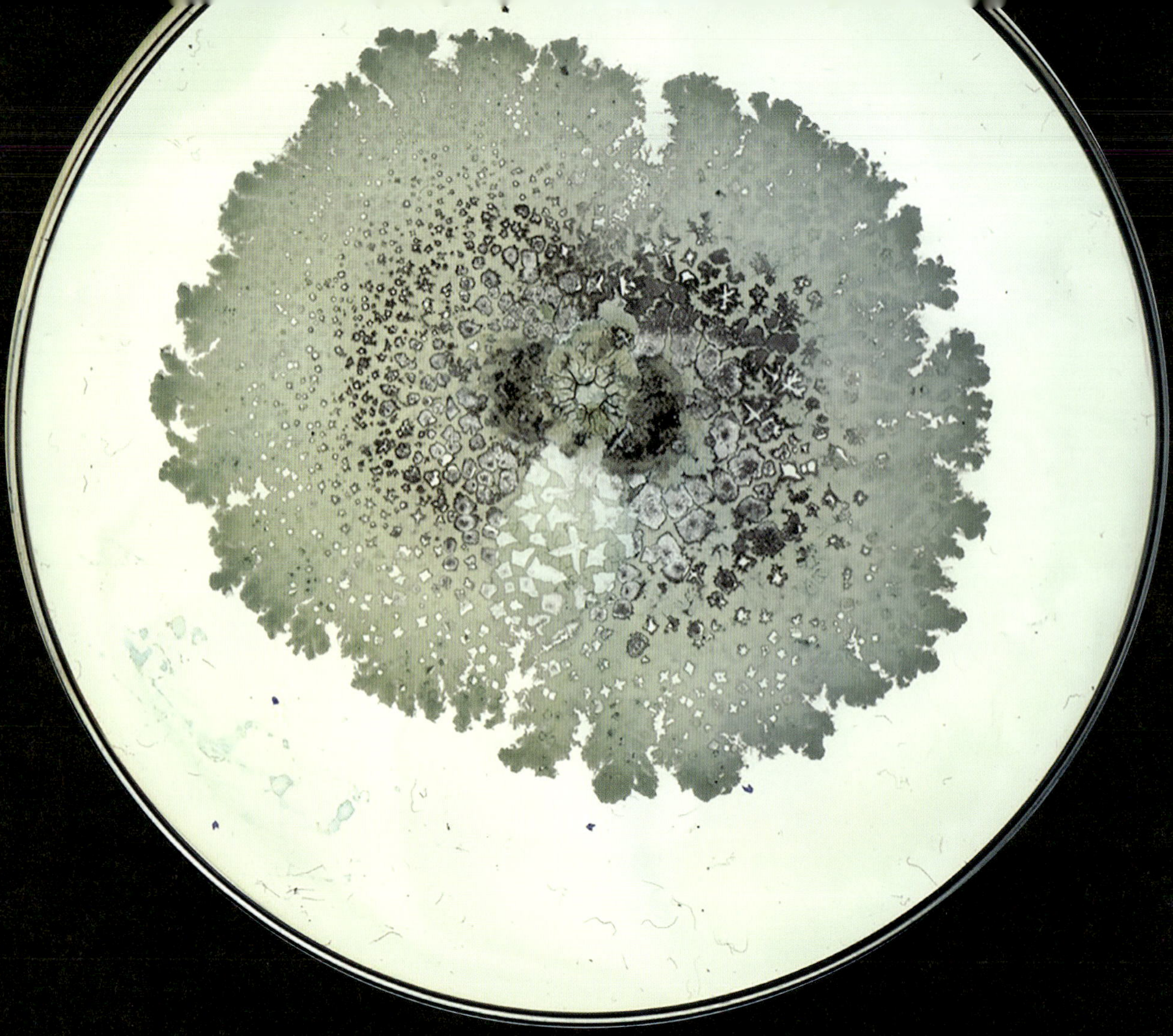

（上）枯草菌（フロリダ州）、HiCrome寒天培地
（下）バチルス・プミルス（*Bacillus pumilus*）（タンザニア）、HiCrome寒天培地

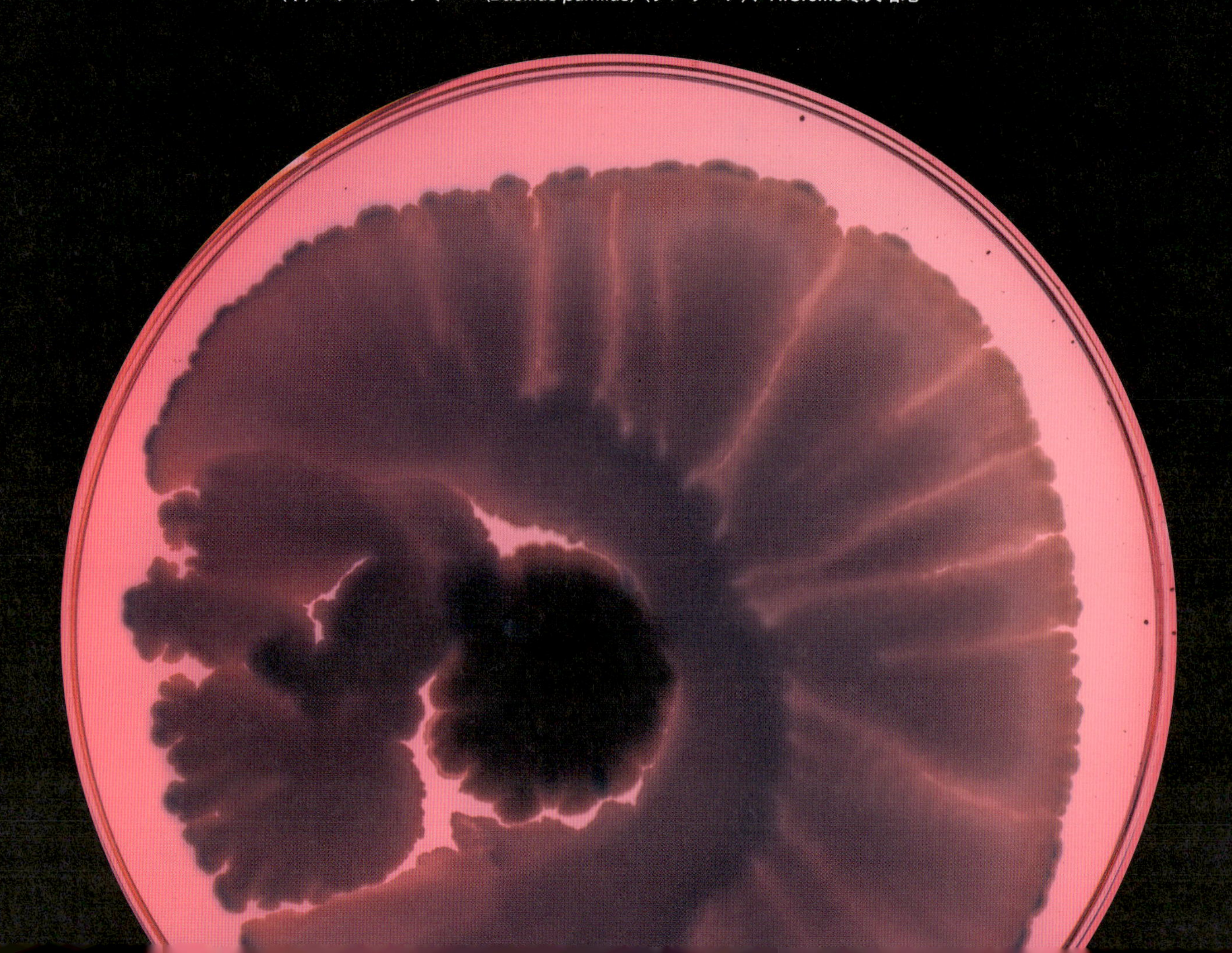

(前) バチルス・チューリンゲンシス (*Bacillus thuringiensis*) (ニューヨーク州ブレイクネック・リッジ)
(後) バチルス・ベレゼンシス (韓国)

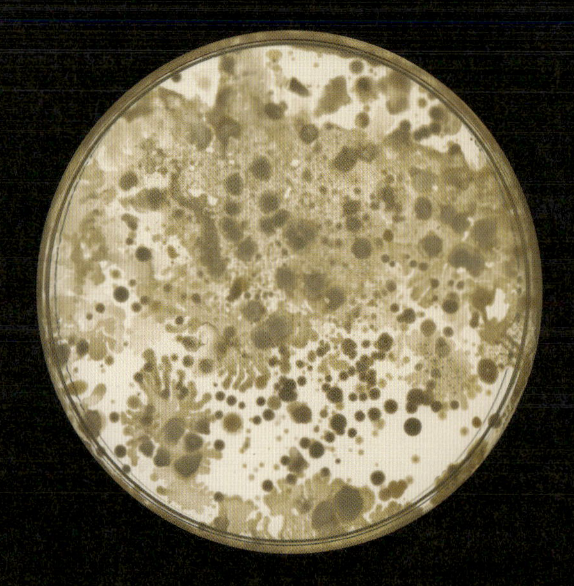

排水

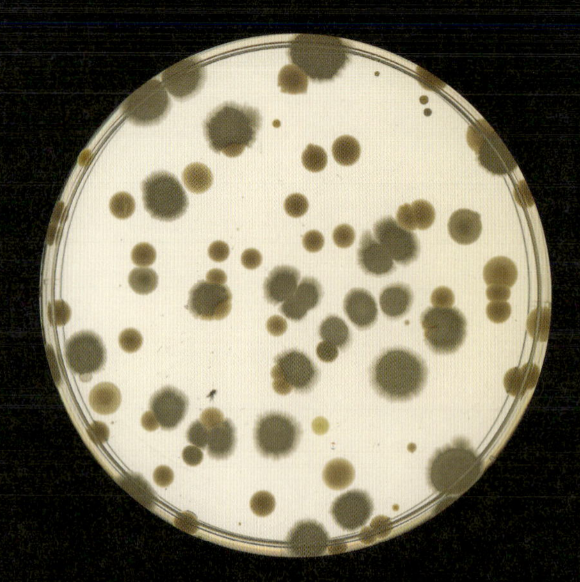

噴水の水

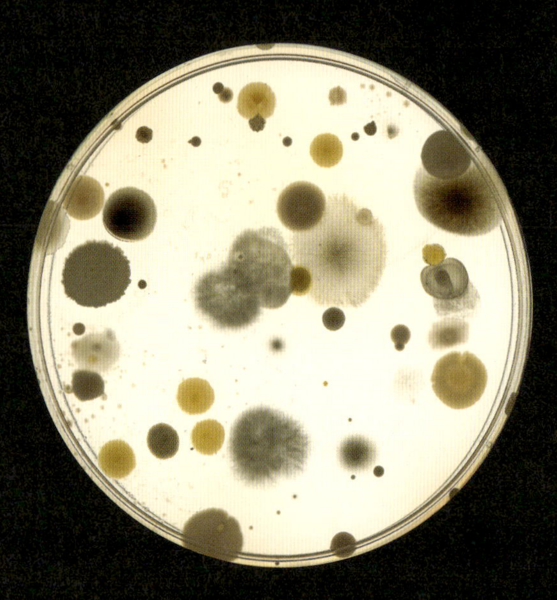

ハッカの葉

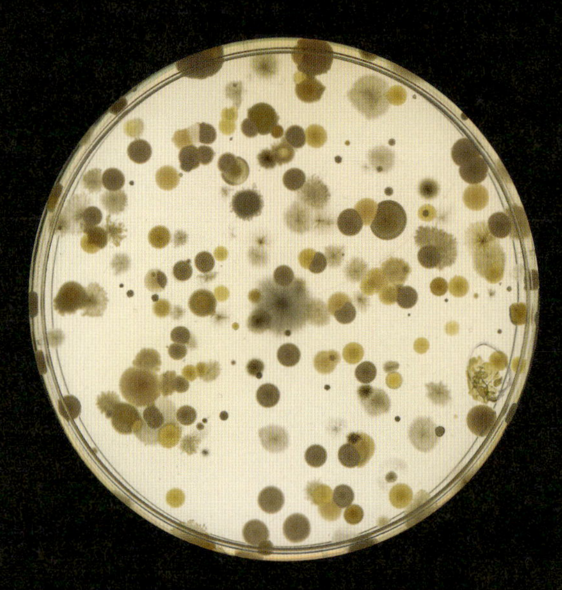

木の葉

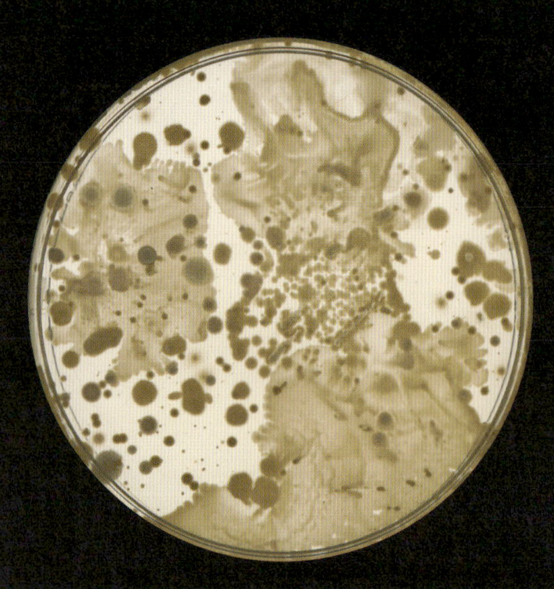

自生植物

池の水

庭土

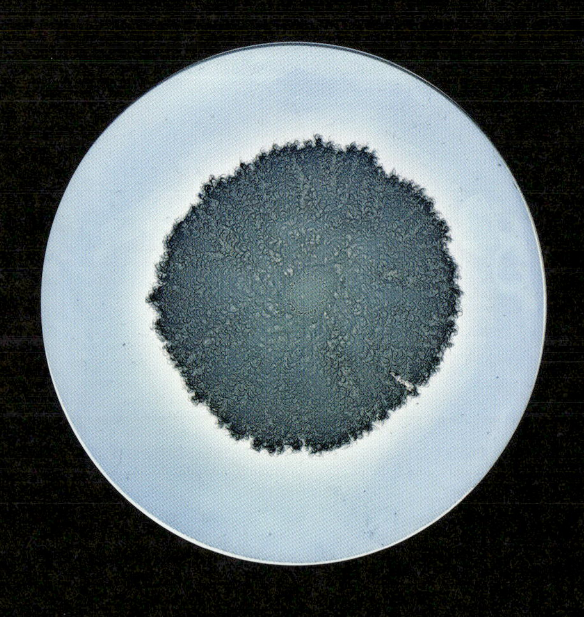

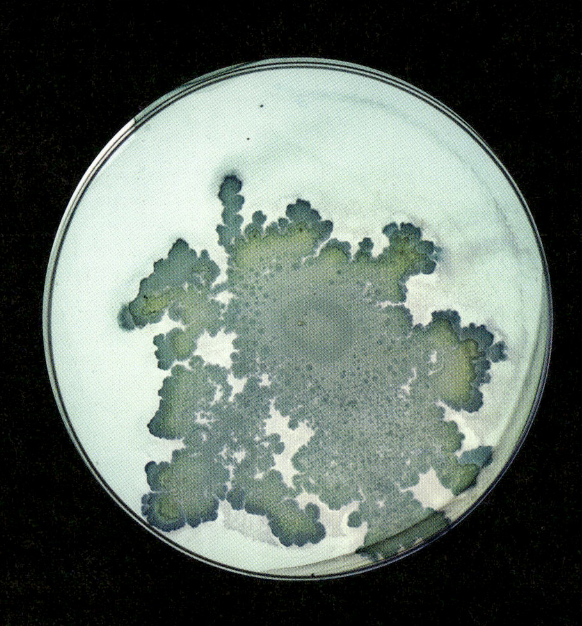

(本ページと右ページ) 砂から分離したバクテリア (ヴェニスビーチとサンタモニカビーチ)

バチルス・ソノレンシス
(*Bacillus sonorensis*)(韓国)

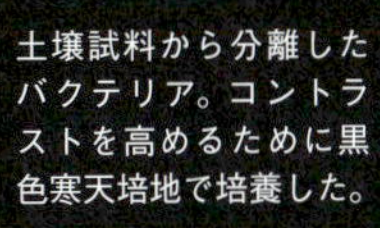

土壌試料から分離したバクテリア。コントラストを高めるために黒色寒天培地で培養した。

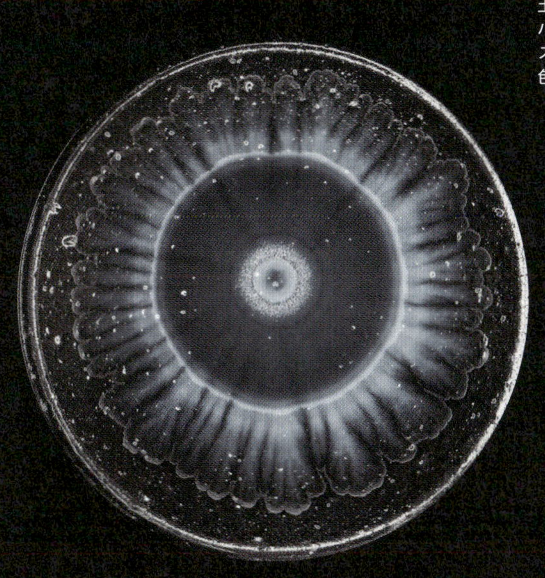

セレウス菌（ニューヨーク市）

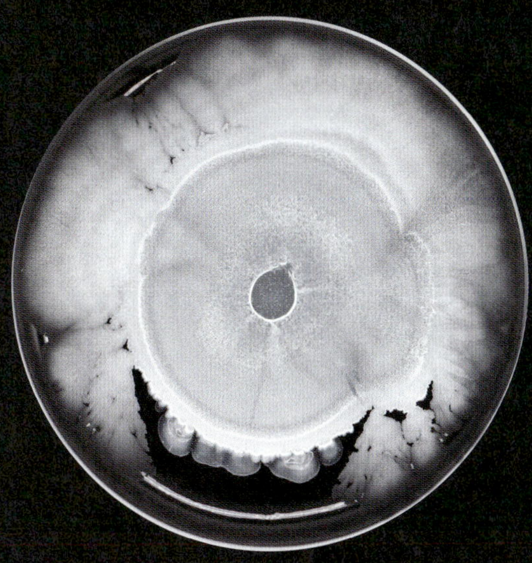

バチルス・ベレゼンシス（韓国）

バチルス・ベレゼンシス（韓国）

バチルス・ナカムライ（*Bacillus Nakamurai*）（韓国）

枯草菌（バチルス遺伝子ストックセンター）

枯草菌（カリフォルニア州ヴェニスビーチ）

バチルス・リケニフォルミス
（*Bacillus licheniformis*）

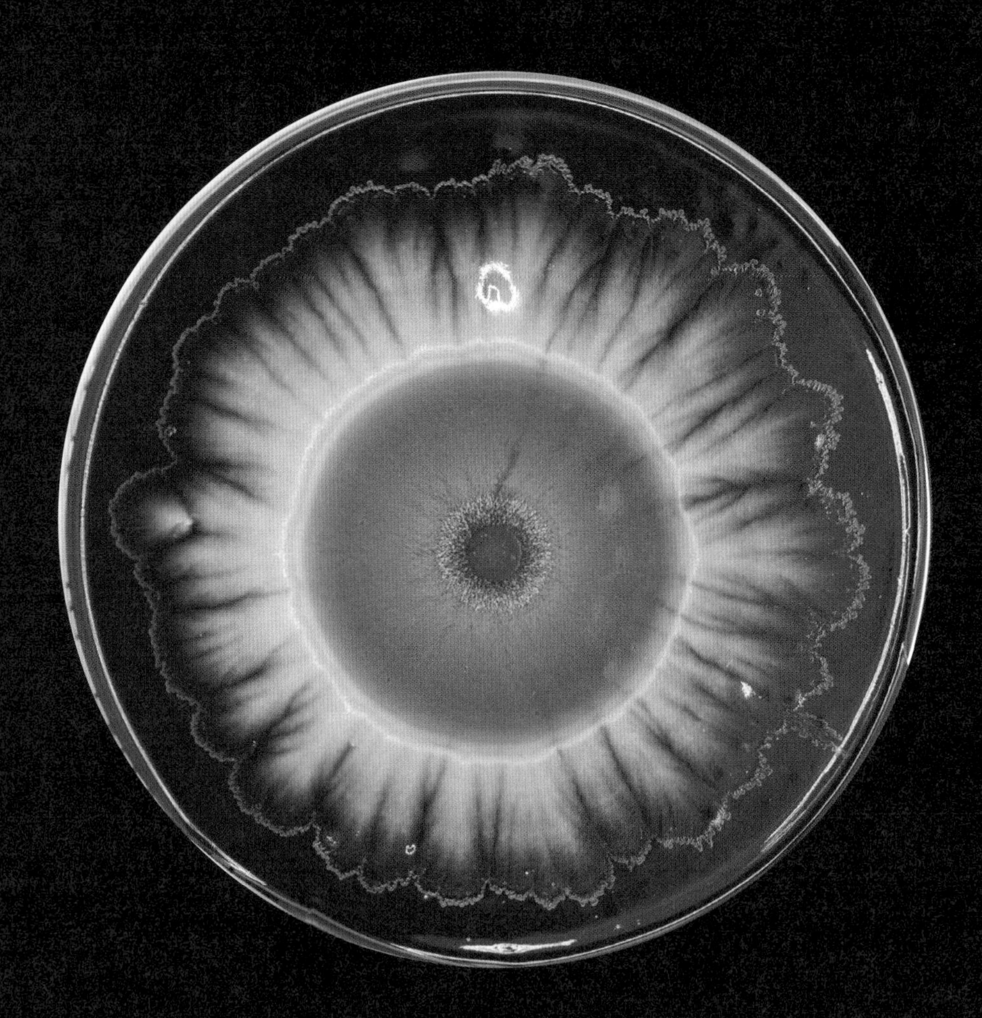

いずれのバクテリアもニューヨーク市の庭土から分離し、黒色寒天培地で培養

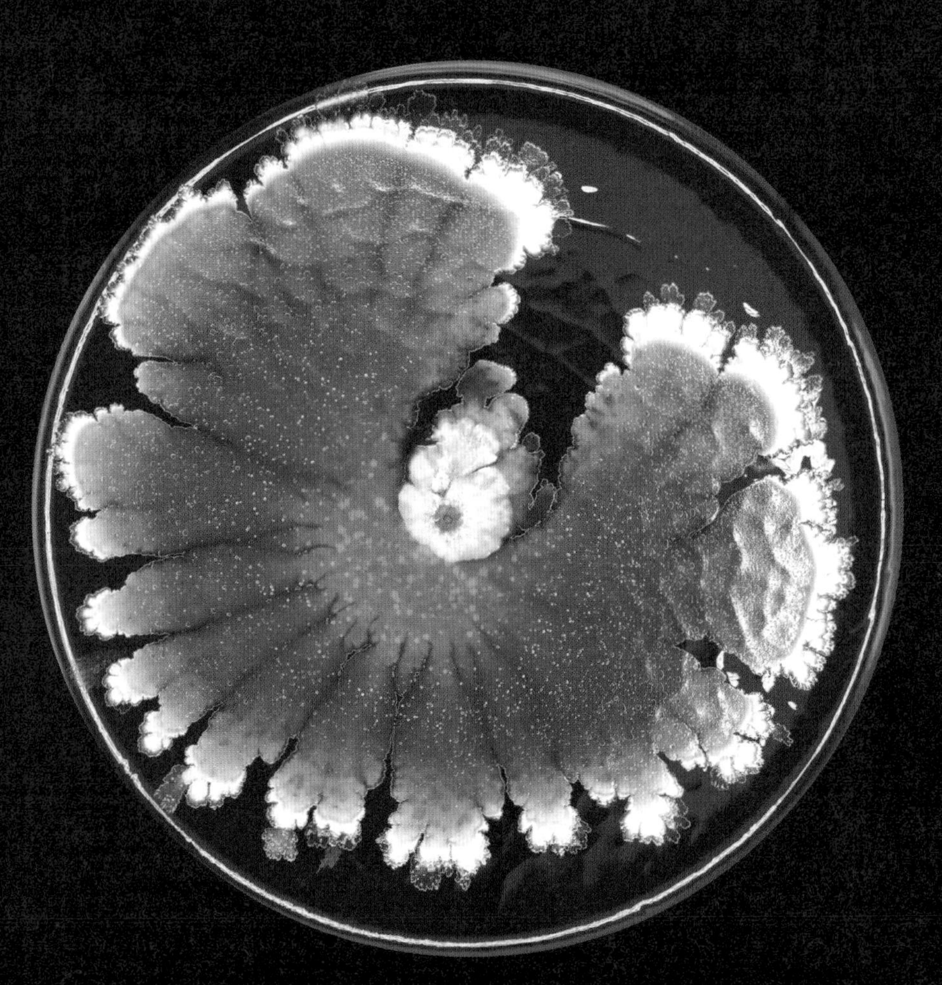

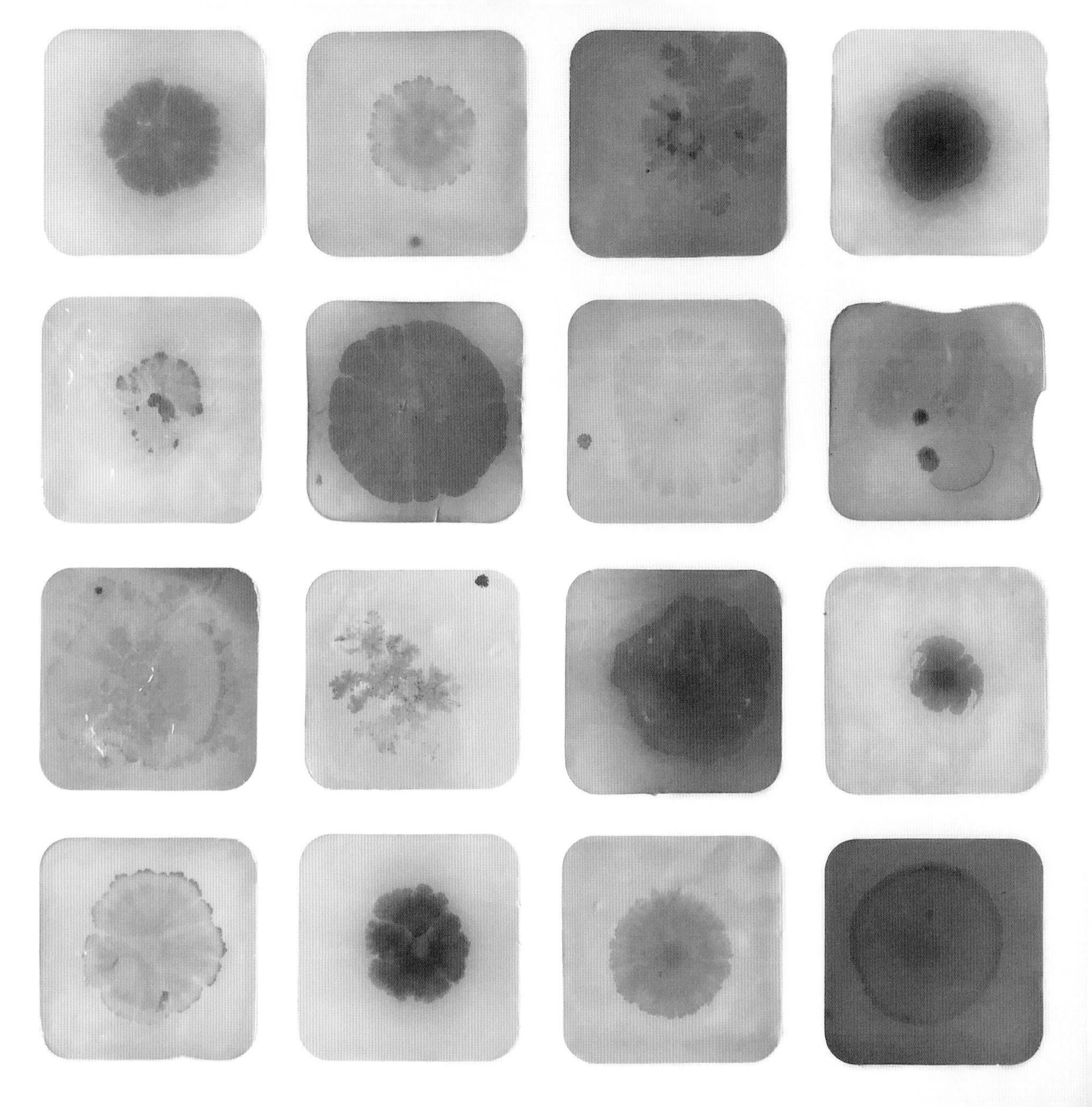

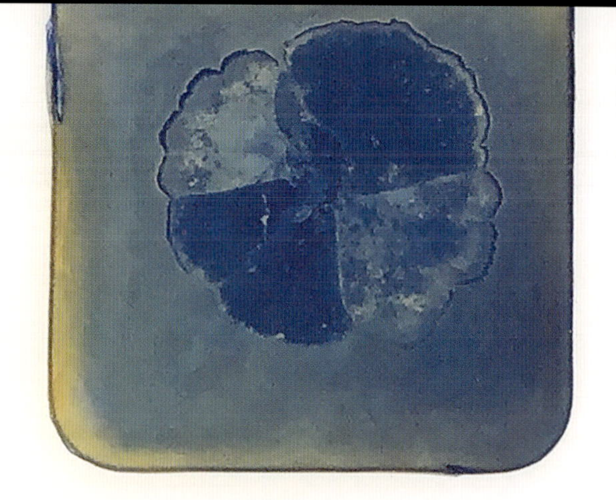

土壌から分離した
バクテリア（詳細）

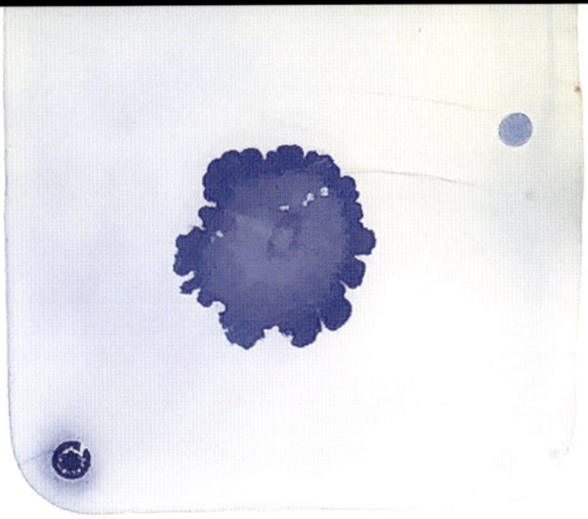

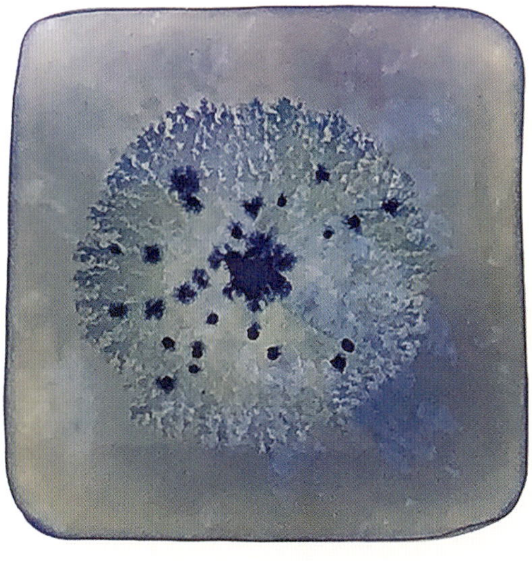

私は未来をのぞき込んだ、人間の眼で見える限り遠くまで。
世界の光景を、起こるはずのあらゆる驚きを目にした……

アルフレッド・テニスン卿、『ロックスレイ・ホール』（1842年）

# 4

# バクテリアと人類の未来

# 第10章
# 混沌を利用する
## バクテリアのデザイン

微生物を単純で予測のつく存在とみなすのは間違いである。その世界は柔軟性に欠ける決まりきったものではなく、混沌と偶然性が混在したものなのだ。だがその世界の中で、微生物たちは確実に適応して進化する生来の能力を示し、困難がどれほどのものであろうと楽々と成長し、驚くほど多様な分子を作り出す。つまるところ、微生物は小さくはあるが、自らの心を持つ他の生物と変わるところなく、自身の生存に役立つ機能を遂行しているのだ。こうした特徴と能力こそが、微生物を現代的な生物間のコラボレーション、つまり遺伝子工学における比類のないパートナーにしているのである。

遺伝物質を操作し、コントロールすることで、収穫高を増やすための作物の改良から生命を救う医学的治療薬の開発まで、これまで考えられなかった可能性が切り開かれてきた。バイオテクノロジーの歴史において初めて遺伝子操作の対象となった生物はバクテリアであり、1973年のハーバート・ボイヤーとスタンリー・コーエンによる実験でのことである。ボイヤーとコーエンは、抗生物質耐性をもたらす遺伝子を切り取って、プラスミドDNA——バクテリアが持つ環状の可動性DNA分子——に組み込んだのだ。自然界では、バクテリアは絶えずプラスミドを取り込んでおり、それがDNA物質をやり取りするバクテリアのやり方なのである。実験室では、プラスミドは基本的な遺伝子操作を行うための中心的存在であり、ゲノム全体よりもはるかに容易に操作することができる。バクテリアは、バクテリアにのみ感染するウイルス（バクテリオファージと呼ばれる）を介しても、また線毛を通じてバクテリア同士で直接接触する（接合と呼ばれる）ことでもDNAをやり取りするが、実験室ではこうした方法もバクテリア遺伝子の操作に利用している。

遺伝子工学の有用性を典型的に示す例としてインスリンの生産がある。糖尿病になると、膵細胞が有毒なレベルの血糖値にうまく反応しなくなるため、インスリンを利用することで患者の血糖値を調節する。インスリンは当初は動物の膵臓から精製されていたが、この製法では多くの患者でアレルギー反応が生じてしまっていた。バイオテクノロジーの理解が深まってくると、科学者たちはヒトインスリン遺伝子をコード化しているプラスミドDNAの小片を大腸菌に挿入することに取り組んだ。大腸菌はその遺伝子を含むプラスミドを取り込み、そのDNA配列にコード化されている指示（また生命の遺伝暗号があらゆる生物を通じて共有されているという驚くべき事実）により、インスリンタンパク質を作り出すことができた。その後このバクテリアを大型タンクで培養し、タンパク質を精製することで、1982年にバクテリアが作り出したインスリンがヒト用に市販された。それ以降、世界中で使われているインスリンの大部分は遺伝子操作されたバクテリアによって生産されている。現在では、インスリン遺伝子を他の遺伝子に置き換えることで、科学者たちはバクテリアを利用して治療用の化合物、ワクチン、産業用酵素、必須化学物質を合成することができる。

ピンク色のタンパク質を作り出すよう遺伝子操作された大腸菌。ペトリ皿の黒色寒天培地の中心から培養すると、やがてコロニーの一部がこのタンパク質の産生量を低下させたり、なくしたりするよう進化する。

他に活発に研究が行われている分野に、バクテリアを利用した繊維産業向けの染料の生産がある。染料の合成には大量のエネルギーと水が必要であり、飲料水の汚染につながることもある。バクテリアの中には、セラチア・マルセッセンス（第7章参照）やストレプトマイセス・セリカラー（*Streptomyces coelicolor*）（群青色の色素を作り出す）など、天然で色素を産生するものもいるが、こうしたバクテリアは培養が難しい場合がある。このため、多くの商業的アプローチでは、色素遺伝子を最適化した宿主バクテリアに組み込み、大型タンクで培養して大量生産することに力を入れている。研究者は、インジゴ、メラニン、ドパキサンチン、インドリン-ベタシアニンなどの小分子色素に加え、色素タンパク質を見つけている。これは色素を含む補因子を持ち、さまざまな色のタンパク質を産生する大きな分子だ。私たちのラボでは、見栄えをよくし、微生物学の概念を理解してもらうために、そうしたタンパク質をパターン形成バクテリアに組み込んできた。

しかし、バクテリアは従順なだけの対象ではない。バクテリアを色素を作り出すように操作することはできる――が、バクテリアは必ずしも色素を作り出したいわけではないのだ。余分なタンパク質を大量に作り出すのはとても骨の折れる仕事であり、他の仕事がおろそかになったり、成長が遅くなったりするからだ。色素の生産をやめる方法を見つけ出せれば彼らにとっては最も有利になる――そして、いったん群集中のあるバクテリアがその方法を見つけ出せば、変異したそのバクテリアは色素を作り出すバクテリアよりはるかに速く増殖できるため、選択有利性を獲得するのだ。実際、私たちのラボで気づいたように、研究者がバクテリアをいじくって色素の産生効率を高めるほど、変異したバクテリアが持つ有利性は高まる。変異菌の出現は、ペトリ皿上で、外側へと広がるコロニーの一部が色素を失う形で見ることができる。商業的に利用している場合、バクテリアを大型タンクで培養する際に変異菌が進化してあっという間にタンク全体で優勢になるため、このことは重大な問題となる。ラボでは、色素タンパク質の産生をコード化しているDNAを組み込んだ大腸菌を利用した。それぞれのコロニーは、ペトリ皿の中心部で広がり始めた時点では色を作る能力を持っているが（最初の種菌）、その後のさまざまな時点で変異を起こす。このやり方で、私たちは進化の複雑さを視覚化することが――ほんの数時間で――できるのだ。

人間が遺伝子工学の可能性を利用する能力は生きた生物、とりわけ微生物をコントロールする力に基づいている。だが、ペトリ皿という限られた空間の中でさえ、微生物は従順な生物ではなく、能動的なコラボレーターとしての姿を現す。実際、それぞれのコラボレーションは微生物のふるまいの創造性と予測不能性の証しなのである。遺伝子工学的手法を取り入れることで、人間はこうした小さなコラボレーターのふるまいをさらに利用することができるのだ。

ハイマツミドリイシ（*Acropora millepora*）というサンゴに由来する色素タンパク質、amilCPを作り出す大腸菌。

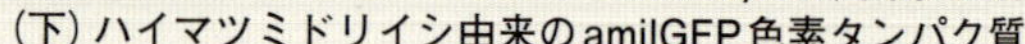

（背景）クロモバクテリウム・ビオラセウム（*Chromobacterium violaceum*）由来の青紫色のヴィオラセイン色素
（上）ウメボシイソギンチャク（*Actinia equina*）由来のaeBlue色素タンパク質
（下）ハイマツミドリイシ由来のamilGFP色素タンパク質

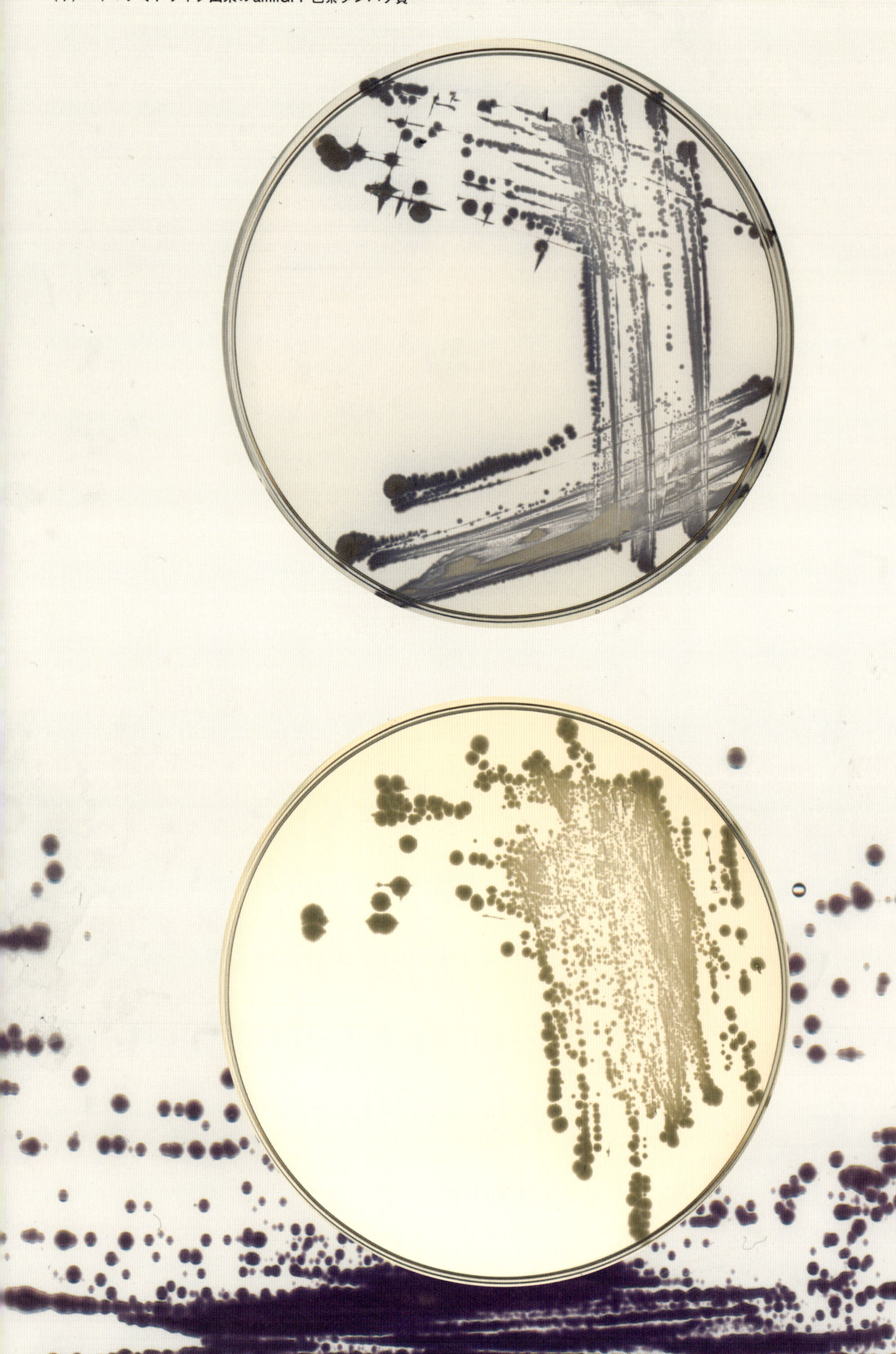

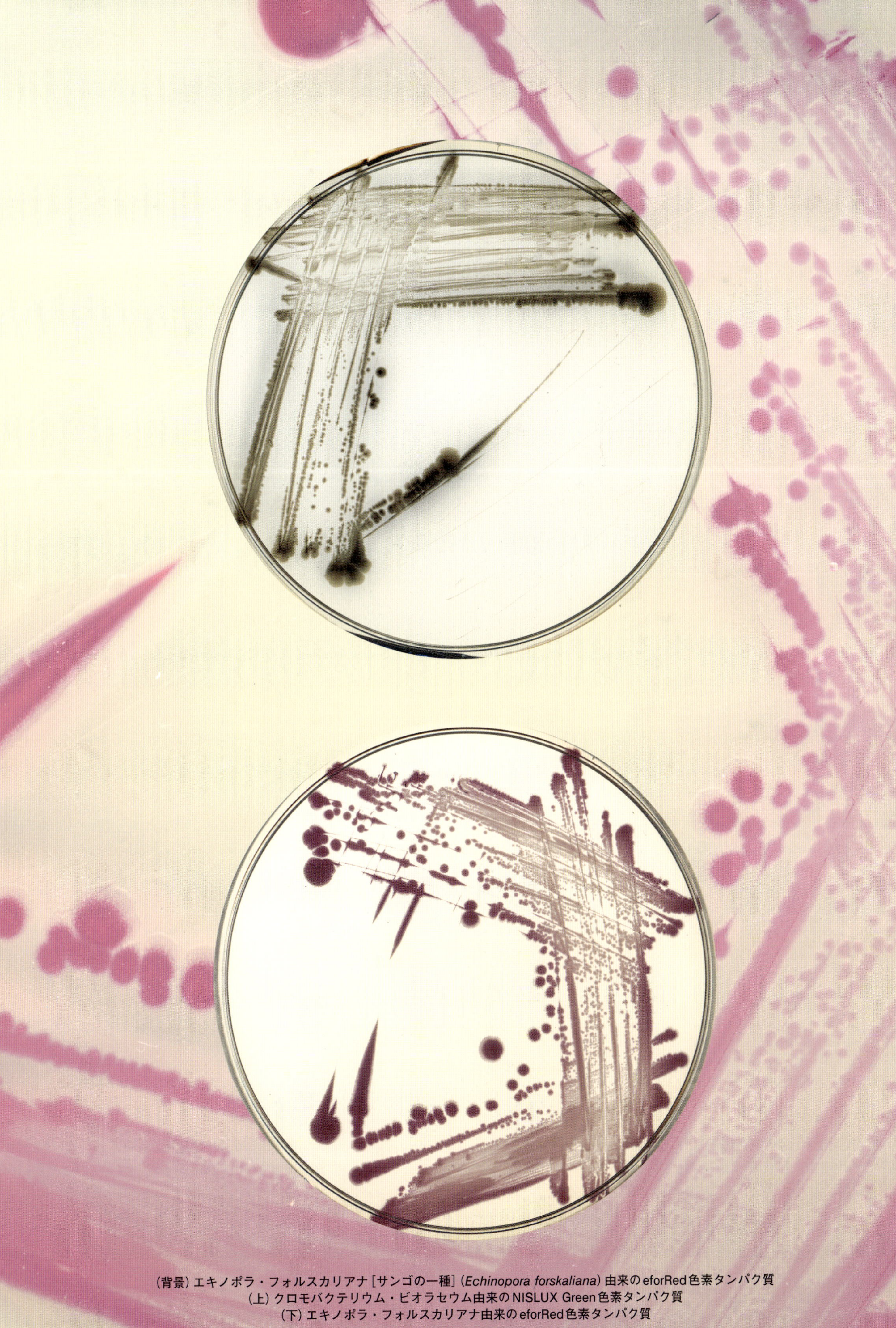

(背景) エキノポラ・フォルスカリアナ [サンゴの一種] (*Echinopora forskaliana*) 由来のeforRed色素タンパク質
(上) クロモバクテリウム・ビオラセウム由来のNISLUX Green色素タンパク質
(下) エキノポラ・フォルスカリアナ由来のeforRed色素タンパク質

大腸菌が作り出す、アザミサンゴ（*Galaxea*

*fascicularis*）由来の色素タンパク質であるgfasPurple

70時間

146時間

244時間

**大腸菌が作り出すさまざまな色素タンパク質**
ペトリ皿上の成長の微速度撮影写真。

（縦の各列、左から右）gfasPurple、amilGFP、tsPurple、tsPurple

**色素タンパク質により大腸菌が作り出す色素、黒色寒天培地で培養。**
（左から右へ）ショウガサンゴ（*Stylophora pistillata*）由来のspisPink色素タンパク質／
イソギンチャクモドキ属の一種（*Discosoma*）由来のfwYellow／ハイマツミドリイシ由来のamilCP

1980年代後半から、遺伝子操作されたバクテリアは、クラゲ、造礁サンゴ、イソギンチャクなどの海洋生物で発見された青色、ピンク色、紫色などの色素タンパク質によって以前よりカラフルになっている。その目的は必ずしも明らかではないが、こうしたタンパク質は遺伝子マーカーとして価値があり、環境光でその色を見ることができるため、教育に役立つ。本章の画像では、アザミサンゴ (gfasPurple)、ハイマツミドリイシ (amilCP)、ショウガサンゴ (spisPink)、エキノポラ・フォルスカリアナ (eforRed) などの、さまざまな生物由来の色素タンパク質を取り上げている。

(上) ショウガサンゴ由来のspisPink色素タンパク質
(下) ウメボシイソギンチャク由来のaeBlue色素タンパク質を持つプロテウス・ミラビリス

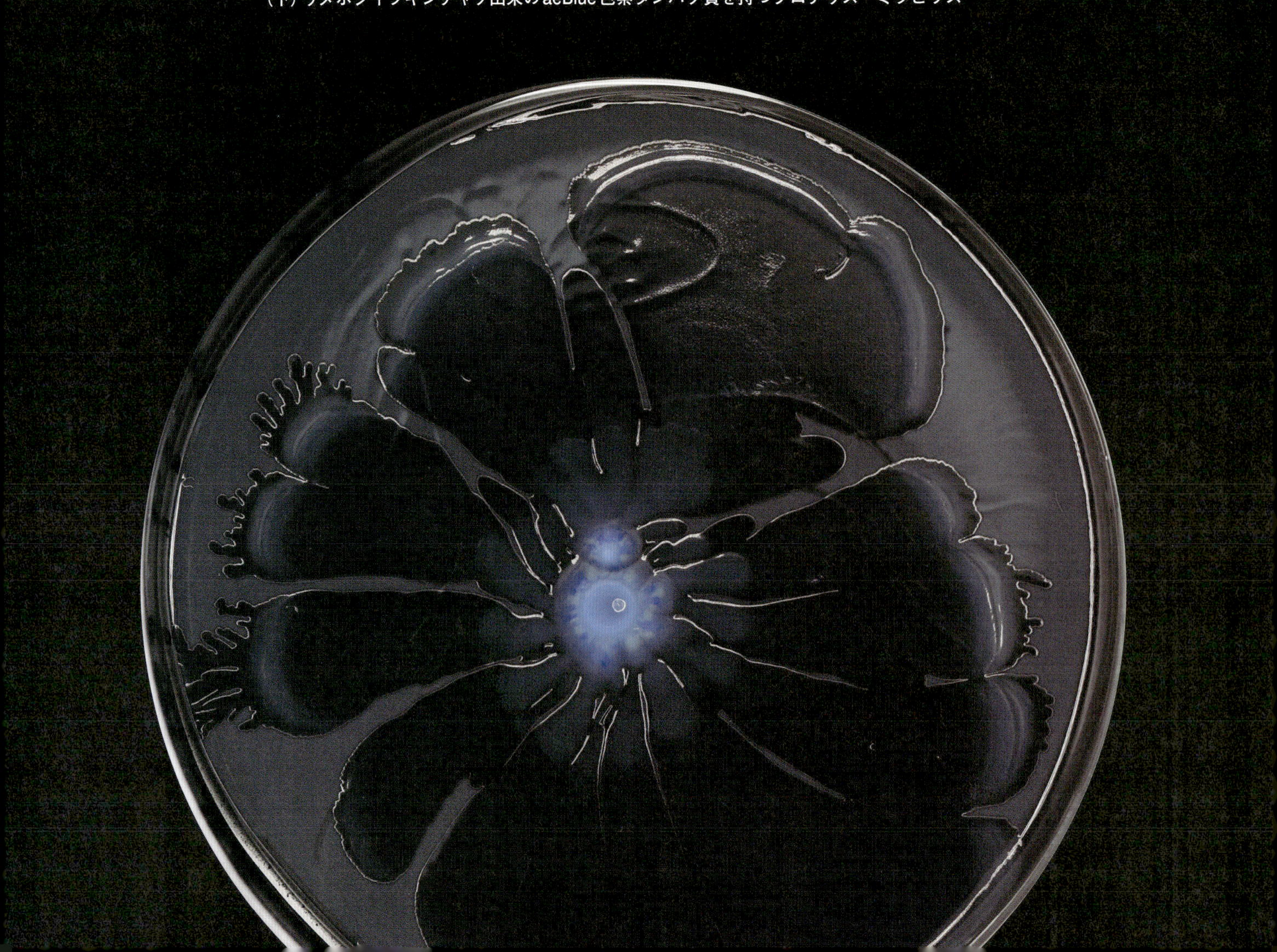

（上）ヘビイソギンチャク（*Anemonia sulcata*）由来のasPink色素タンパク質を持つ大腸菌
（下）ハイマツミドリイシ由来のamilGFP色素タンパク質を持つ大腸菌

（上）イソギンチャクモドキ属の一種由来のfwYellow色素タンパク質を持つ大腸菌
（下）ショウガサンゴ由来のspisPink色素タンパク質を持つ大腸菌

（上）イソギンチャクモドキ属の一種由来のfwYellow色素タンパク質を持つ大腸菌
（下）scOrange色素タンパク質を持つ大腸菌

# 第11章
# 生態を配線し直す
## バクテリアをプログラムする

これまでの20年間、バイオテクノロジー分野の研究者たちはバクテリアをはじめとする生物の遺伝コードを書き換え、配線し直し、プログラムし直す方法を学んできた。有益な産物を作り出す遺伝子ひとつをバクテリアに加えることから踏み出し、研究者はいまでは複数の遺伝子を挿入して互いに作用させ、もっと複雑な機能を行わせるようになっている。こうした遺伝子のネットワークは人工遺伝子回路（電子回路になぞらえて）としても知られ、プログラム化したふるまいを実現することができる。

2000年に、それぞれふたつと3つの遺伝子からなる2種類の人工遺伝子回路が《ネイチャー》誌に発表され、合成生物学という分野の始まりを告げた——そして生命体工学を新たなレベルへと押し上げた。人工遺伝子回路は次第に複雑さを増し、数十の入力と出力を組み込むことで環境を感知し、反応させるようになっている。その一方で、研究者はオートメーションを利用してバクテリアのゲノム全体を進化させたり、合成したりし、バクテリアをいちから完全にプログラムする可能性を切り開いている。またバクテリアをコンピューターと捉えるアイデアからヒントを得て、バクテリアのDNAを記憶装置として利用している研究者も登場しており、その場合1g分のバクテリアDNAでこれまでに世界中で生み出されたデータすべてを記憶することも可能だ。

微生物プログラミングは大半が手作業で行われてきたが、合成生物学的に操作するバクテリアの設計や分析用に、人工知能（AI）や機械学習（ML）が役に立つツールとなってきている。ラボでこうしたツールを使ううちに、私は、現在私たちが生物学の分野で想像し、操作できるものを超えた形で存在しうる微生物について考えることに関心を抱くようになってきた。私たちはMLと敵対的生成ネットワーク（GAN）を利用し、ラボのペトリ皿画像のライブラリーをアルゴリズム用の「トレーニング」データとし、自然がバクテリアをプログラムする方法を模倣してみた。その結果得られたのが、バクテリアの進化とパターン形成の生物学的過程を人工的に生み出したバクテリア画像、つまりデザインによる進化である。

バクテリアを生体センサー、生体物質、生体治療薬として利用することも可能だ。体に投与し、病気を感知して、対応することのできるカスタムメイドのプロバイオティクスという発想をさらに進め、ダニノラボではバクテリアを遺伝子操作してがんの治療薬にすることに力を入れている。

バクテリアとがんの関係には豊かな歴史がある。一方で、例えばピロリ菌など、バクテリアは直接の原因としてがんと結びつけられてきた。これはらせん状の菌で、胃に感染することができ、潰瘍、慢性胃炎、また一定の条件下では胃がんを引き起こす（この関連性はかなり複雑なものであることに注意が必要だ。ピロリ菌の有害作用が認められない人もいるし、このバクテリアがある種のがんの減少と結びついている可能性もある）。また一方で、バクテリアの中にはがんの予防や治療に関わるものもいる。はるか昔の古代エジプト時代に、エジプトの医師イムホテプが腫瘍を切開し、感染を促すことで治療を試みている。4000年以上を経た19世紀には、サー・ジェームズ・パジェット、ヴィルヘルム・ブッシュ、フリードリヒ・フェーレイセン、P・V・ブルンズらの研究者が、丹毒に罹患した患者の悪性腫瘍が消失したことを報告している。丹毒は、現在では化膿性レンサ球菌が原因であることが判明している皮膚

ペトリ皿で培養し、樹脂に包埋したさまざまな菌種。こうした画像のコレクション（170-71ページも参照）を利用してAIモデルをトレーニングし、ペトリ皿の画像を——生物学的に培養できるものを超えて——生成した。

病である。その後、骨専門の外科医であったウィリアム・コーリーが多くの患者を対象にバクテリアを用いる実験を行い、バクテリア感染に関わる何かが患者の体を刺激してがんを撃退することに気づいた（この発見では効果があったのはある種のがんのみだった）。それから1世紀以上を経て、合成生物学者がバクテリアをプログラムして安全にがんの治療薬を生み出しているのだ。

ダニノラボでは、複数の人工遺伝子回路を使ってバクテリアのふるまいをコントロールし、有効性だけでなく安全性も向上させている。回路の中には、クオラムセンシングなどのバクテリアのコミュニケーションシステムの利用や、土壌バクテリアなどのパターン形成菌種が作り出す毒素の送達に基づくものがある。色素や小さな有色分子を診断薬として利用し、バクテリアに腫瘍の存在を伝えさせることも可能であり、バクテリアを確実にコントロールして変異したり、施したプログラムを回避したりしないようにすることが非常に重要になる。しかしこれは合成生物学の多くの進歩のひとつにすぎない。この分野は、数十億年にわたって進化してきたバクテリアに、遺伝子操作することでさらなる特性を付け加える機運を生み出しているのだ。

数世紀にわたって微生物学者が用いてきた人間が主役となる実験手法を超えて、新しいアプローチはコンピューターと機械の力を活用して細菌のプログラミングに革新をもたらしている。しかしこのアプローチが効果を上げるためには、利用しやすく、創造性を発揮できる人間的なインターフェースを用意することも必要である。こうしたヒト、微生物、機械が結ぶ新たな関係はこれまでにない可能性を切り開きつつあり、生物学的世界や物質世界で実現できるものを超えた存在を人工的に生み出すことを可能としている。こうした共働作用的な探究は、ヒトが置かれた条件と、私たちの共通の未来に影響を与える生物や非生物との相互作用という根本的観点を反映したものなのである。

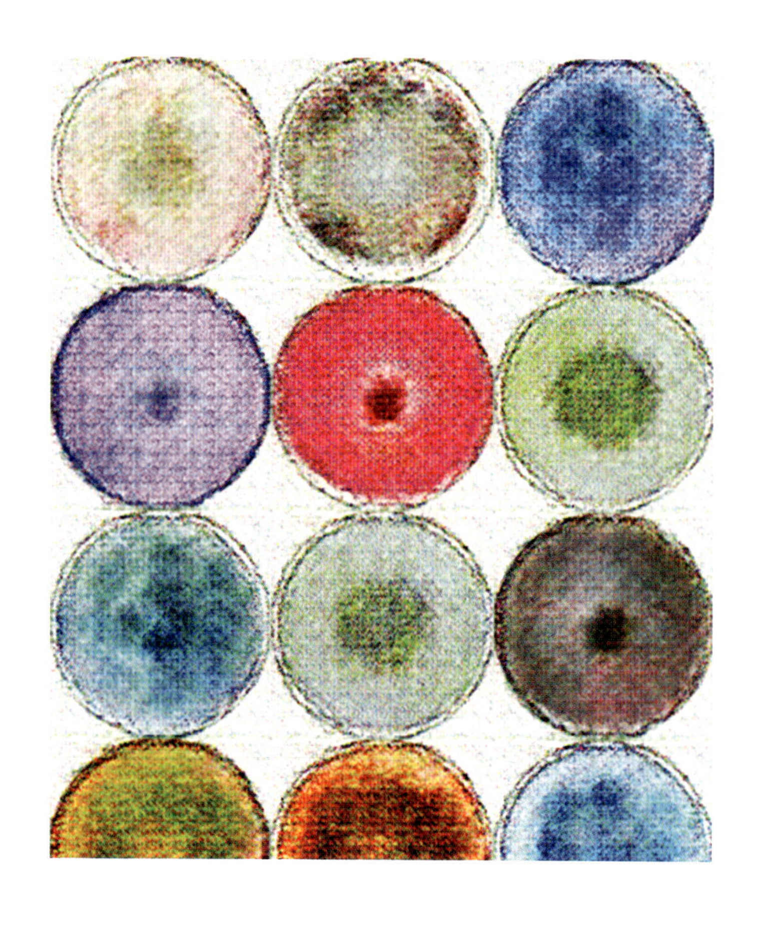

（左ページ）
敵対的生成ネットワーク（GAN）により人工的に生成したバクテリアのペトリ皿。画像の粗さは、初期のテレビゲームの画面が（テレビで遊んだ卓球ゲームの「ポン」のように）当時の技術的限界を反映していたように、萌芽期にある現在のバイオテクノロジーを反映している。

（本ページ）
ペトリ皿でパターン形成条件下で培養し、アクリル樹脂に包埋したさまざまな菌種。

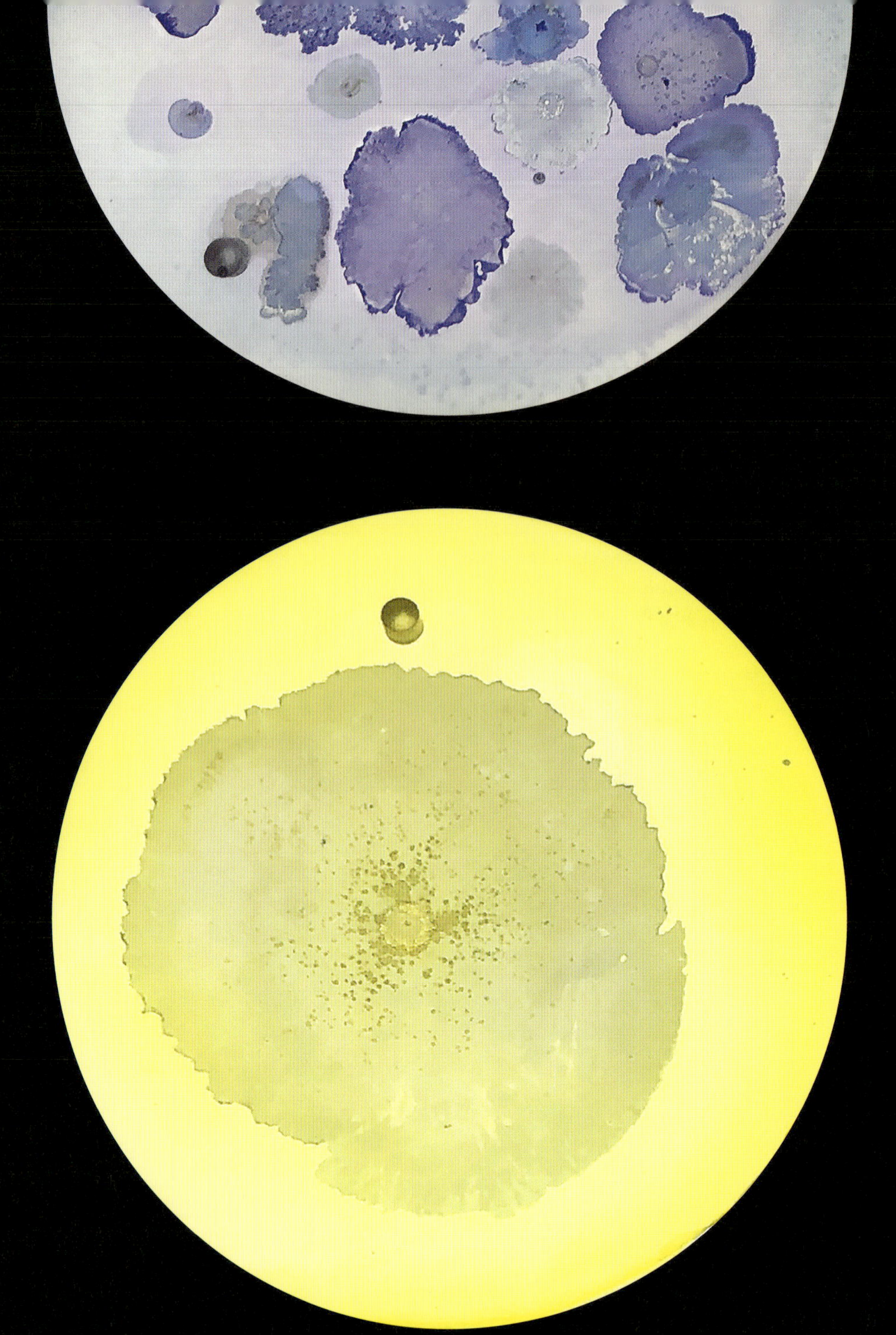

ペトリ皿で培養し、樹脂に包埋したさまざまな菌種。
これらのバクテリアは、本書掲載の多くのバクテリアと同じく、手作業で
操作するか、一定の培養条件で「誘導」することでパターンを生み出した。

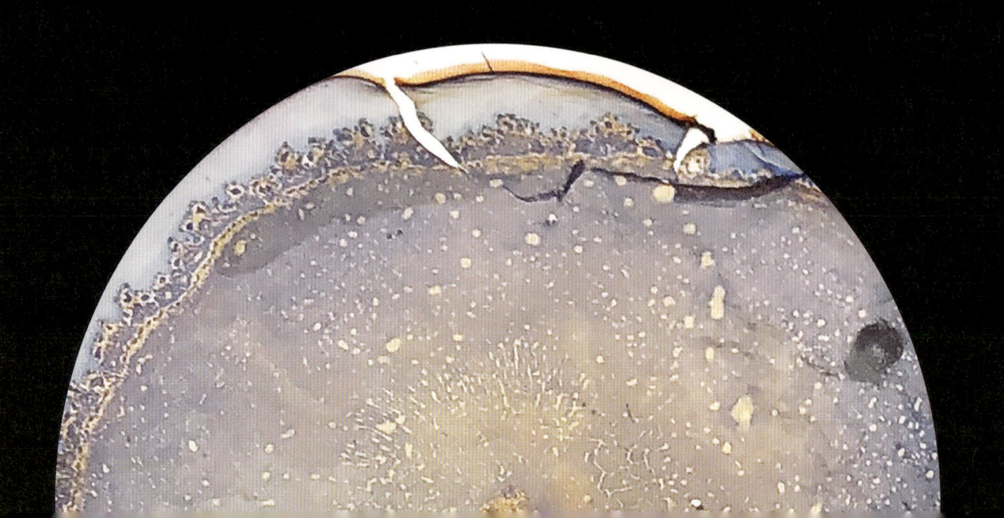

AIは自然がバクテリアをプログラムする方法を学習して同じことを、さらにはそれ以上のことをできるだろうか？　ダニノラボでは、MLと敵対的生成ネットワーク（GAN）を利用してバクテリアの進化とパターン形成を模倣し、発展させることでこの疑問に取り組んだ。数年にわたり私たちが集めた多数のペトリ皿画像のコレクションが、こうしたアルゴリズム用の「トレーニング」データの役割を果たした。そしてそのアルゴリズムはデジタル的に独特の新しいバクテリア画像を生成することができる——進化によって生命がつかの間生み出す生物学的存在を、人工的に生成することができるのだ。

# あとがき　ジェフ・ヘイスティ博士

科学脳は芸術脳と似ているに違いない。私の知る限りこのことはまだ実証されていないが、おそらくそうなのではないか。このふたつの脳の起源は同じではないかもしれないが、一流の科学者は、科学といって連想されることの多い純然たる論理を飛び越えて推論を飛躍させる方法を身につけている。私は大学で音楽を専攻していたが、一般教養科目として天文学を履修する必要に迫られたことで物理学に転じた。生物学の特定の難問が意味をなさないように思えるとき、私は音楽脳が動き出すのを感じることがある。音楽脳が直感で論理を飛び越えようとするのだ。

博士課程にいたタルは直感的な飛躍を行うタイプの学生だった。思い出すのは、バクテリアを同調させる私たちのやり方が、無駄にカラクリを組み合わせた機械のように複雑すぎることに彼が気づいたときのことだ。そこで彼は精密かつシンプルなデザインを考案し、顕微鏡を使って素晴らしいバクテリアの美しさを示したのである。この件で私が思い浮かべたのは、私の好きな、著名ベーシスト、チャールズ・ミンガスのものとされる次の文句だ。「シンプルなものを複雑にするのは誰にでもできる。創造性とは、複雑なものをシンプルに、恐ろしいほどシンプルにすることだ」。

生物学は、私たちが見る視点のせいで複雑に見えることがある。コペルニクスが太陽を中心に置くまでは、太陽系は複雑に見えていた。コペルニクスには惑星を追跡する望遠鏡があった。追跡できたのは惑星が太陽の光を反射するからだ。生物学者は反射光を利用して胚の発達、免疫細胞によるバクテリアの監視、ヒトの脳のようにコミュニケーションを取るためのバイオフィルムによるイオンチャネルの利用などのプロセスを観察する。こうしたプロセスの基盤には、何らかの形で物理法則が存在している。しかしどうすれば物理法則から生物学的複雑性までたどりつけるかは明らかではない。観察と人間の創造性が結びつけば直感的飛躍が得られるのだ。

バクテリアが社会的存在であることを忘れないことが大切である。異なる菌種が協力したり、競い合ったりするのだ。多様性を受け入れる種もいれば、他の菌を嫌う種もいる。こうした相互作用について観察すると、明らかな序列は認められない。おそらく興味深いことに、科学は、自然発生的に自らを協働的グループへと組織化する場合に最良の結果をもたらす。私たちはバクテリアから学ぶことができるのだ。そして菌種間の相互作用を支配する原理を私たちはいまだ理解してはいないが、ひとつの菌種が全体を指揮しているわけではないことは明らかである。

科学には創造性と協働が必要であるという観点から、私たちはどうすれば多様な人々に科学に貢献してもらうことができるだろうか？　どうすれば芸術家に関わってもらえるだろうか？　本書『[ヴィジュアル版] バクテリアの神秘の世界』はひとつの道を示している。印象的な形で、タル・ダニノは利用可能な技術（カメラ、スキャナー）を糖でコートしたプレートや染料と組み合わせ、示唆的であると同時に美しくもあるアートを生み出した。本書は人為的な区分を白日の下にさらす。本書は可能性を開くものである。芸術家が科学者になることができる。科学者が芸術的に考えることができる。脳は複雑だが、だからこそ理解につながるのではないかと私は考えている。

生物学が人間の脳にとって理解可能なものであるという保証はない。私たちは人間が理解できる原理を進化の過程が選択していることを望んでいる。だがそのような理解は純粋な論理からは得られないだろう。私にとって、ダニノの本はある必要性を示すものなのだ。創造的な脳が働く必要性、芸術家が科学に関わる必要性である。

# 参考文献


第1章 生命の起源

Bozdag, G. Ozan, Seyed Alireza Zamani- Dahaj, Thomas C. Day, et al. "De novo evolution of macroscopic multicellularity." *Nature*, vol. 617 (2023): 747–54. https://doi.org/10.1038/s41586-023-06052-1.

Sagan, Lynn. "On the origin of mitosing cells." *Journal of Theoretical Biology* 14, no. 3 (March 1967): 225–74. https://doi.org/10.1016/0022-5193(67)90079-3.

第2章 素晴らしいながめ

De Kruif, Paul. *Microbe Hunters*. New York: Blue Ribbon Books, 1926.

Gest, Howard. "The discovery of microorganisms by Robert Hooke and Antoni Van Leeuwenhoek, Fellows of The Royal Society." *Notes and Records: The Royal Society Journal of the History of Science* 58, no. 2 (May 2004): 187–201. https://doi.org/10.1098/rsnr.2004.0055.

第3章 増殖と出現

Ben-Jacob, Eshel, Inon Cohen, and David L. Gutnick. "Cooperative Organization of Bacterial Colonies: From Genotype to Morphotype." *Annual Review of Microbiology* 52 (October 1998): 779–806. https://doi.org/10.1146/annurev.micro.52.1.779.

Doshi, Anjali, Marian Shaw, Ruxandra Tonea, et al [including Tal Danino]. "Engineered bacterial swarm patterns as spatial records of environmental inputs." *Nature Chemical Biology*, vol. 19 (2023): 878–86. https://doi.org/10.1038/s41589-023-01325-2.

Kearns, Daniel B. "A field guide to bacterial swarming motility." *Nature Reviews Microbiology*, vol. 8 (2010): 634–44. https://doi.org/10.1038/nrmicro2405.

第4章 最初の出会い

Hall, Andrew Brantley, Andrew C. Tolonen, and Ramnik J. Xavier. "Human genetic variation and the gut microbiome in disease." *Nature Reviews Genetics*, vol. 18 (2017): 690–99. https://doi.org/10.1038/nrg.2017.63.

Martino, Cameron, Amanda Hazel Dilmore, Zachary M. Burcham, et al [including Rob Knight]. "Microbiota succession throughout life from the cradle to the grave." *Nature Reviews Microbiology*, vol. 20 (2022): 707–20. https://doi.org/10. 1038/s41579-022-00768-z.

Perez-Muñoz, Maria Elisa, Marie-Claire Arrieta, Amanda E. Ramer-Tait, et al. "A critical assessment of the 'sterile womb' and 'in utero colonization' hypotheses: Implications for research on the pioneer infant microbiome." *Microbiome* 5, no. 48 (2017). https://doi.org/10.1186/s40168-017-0268-4.

Tamburini, Sabrina, Nan Shen, Han Chih Wu, et al. "The microbiome in early life: Implications for health outcomes." *Nature Medicine* 22, no. 7 (2016): 713–22. https://doi.org/10.1038/nm.4142.

Yassour, Moran, Tommi Vatanen, Heli Siljander, et al. "Natural history of the infant gut microbiome and impact of antibiotic treatment on bacterial strain diversity and stability." *Science Translational Medicine* 8, no. 343 (June 2016): 343ra81. https://doi.org/10.1126/scitranslmed.aad0917.

第5章 勇敢なる探検者たち

Byrd, Allyson L., Yasmine Belkaid, and Julia A. Segre. "The human skin microbiome." *Nature Reviews Microbiology*, vol. 16, (2018): 143–55. https://doi.org/10.1038/nrmicro.2017.157.

Costello, Elizabeth K., Christian L. Lauber, Micah Hamady, et al [including Rob Knight]. "Bacterial community variation in human body habitats across space and time." *Science* 326, no. 5960 (2009): 1694–97. https://doi.org/10.1126/science.1177486.

第6章 我が家のように

Carmody, Rachel N., Georg K. Gerber, Jesus M. Luevano Jr., et al. "Diet dominates host genotype in shaping the murine gut microbiota." *Cell Host & Microbe* 17, no. 1 (2015): 72–84. https://doi.org/10.1016/j.chom.2014.11.010.

Farré-Maduell, Eulàlia, and Climent Casals-Pascual. "The origins of gut microbiome research in Europe: From Escherich to Nissle." *Human Microbiome Journal*, vol. 14 (2019): 100065. https://doi.org/10.1016/j.humic.2019.100065.

Rothschild, Daphna, Omer Weissbrod, Elad Barkan, et al. "Environment dominates over host genetics in shaping human gut microbiota." *Nature*, vol. 555 (2018): 210–15. https://doi.org/10.1038/nature25973.

Sender, Ron, Shai Fuchs, and Ron Milo. "Revised estimates for the number of human and bacteria cells in the body." *PLOS Biology* 14, no. 8 (2016): e1002533. https://doi.org/10.1371/journal.pbio.1002533.

Song, Hye Seon, Tae Woong Whon, Juseok Kim, et al. "Microbial niches in raw ingredients determine microbial community assembly during kimchi fermentation." *Food Chemistry*, vol. 318 (2020): 126481. https://doi.org/10.1016/j.foodchem.2020.126481.

第7章 あふれるほどのゲスト

Gilbert, Jack A., Martin J. Blaser, J. Gregory Caporaso, et al [including Rob Knight]. "Current understanding of the human microbiome." *Nature Medicine* 24 (2018): 392–400. https://doi.org/10.1038/nm.4517.

Lax, Simon, Daniel P. Smith, Jarrad Hampton-Marcell, et al. "Longitudinal analysis of microbial interaction between humans and the indoor environment." *Science* 345, no. 6200 (August 2014): 1048–52. https://doi.org/10.1126/science.1254529.

第8章 競争と共存

Hewitt, Krissi M., Charles P. Gerba, Sheri L. Maxwell, et al. "Office space bacterial abundance and diversity in three metropolitanareas." *PLOS ONE* 7, no. 5 (2012):e37849. https://doi.org/10.1371/journal.pone.0037849.

Mela, Sara, and David E. Whitworth. "The fist bump: A more hygienic alternative to the handshake." *American Journal of Infection Control* 42, no. 8 (2014): 916–17. https://doi.org/10.1016/j.ajic.2014.04.011.

第9章 バクテリアの分布図

Nayfach, Stephen, Simon Roux, Rekha Seshadri, et al. "A genomic catalog of Earth's microbiomes." *Nature Biotechnology*, vol. 39 (2021): 499–509. https://doi.org/10.1038/s41587-020-0718-6.

Ramirez, Kelly S., Jonathan W. Leff, Albert Barberán, et al. "Biogeographic patterns in below-ground diversity in New York City's Central Park are similar to those observed globally." *Proceedings of the Royal Society B: Biological Sciences*, vol. 281 (2014). https://doi.org/10.1098/rspb.2014.1988.

Wall, Diana H., ed. *Soil Ecology and Ecosystem Services* (Oxford: Oxford University Press, 2012).

第10章 混沌を利用する

Baym, Michael, Tami D. Lieberman, Eric D. Kelsic, et al. "Spatiotemporal microbial evolution on antibiotic landscapes." *Science* 353, no. 6304 (September 2016): 1147–51. https://doi.org/10.1126/science.aag0822.

第11章 生態を配線しなおす

Cameron, D. Ewen, Caleb J. Bashor, and James J. Collins. "A brief history of synthetic biology." *Nature Reviews Microbiology*, vol. 12 (2014): 381–90. https://doi.org/10.1038/nrmicro3239.

Gurbatri, Candice R., Nicholas Arpaia, and Tal Danino. "Engineering bacteria as interactive cancer therapies." *Science* 378, no. 6622 (November 2022): 858–64. https://doi.org/10.1126/science.add9667.

Sepich-Poore, Gregory D., Laurence Zitvogel, Ravid Straussman, et al [including Jeff Hasty and Rob Knight]. "The microbiome and human cancer." *Science* 371, no. 6536 (March 2021). https://doi.org/10. 1126/science. abc 4552.

# クレジット



Additional experiments from Danino lab members include: Anjali Doshi (page 44-45), Marian Shaw (pages 44-45, 50–51 unstained images, 158–59, 160–61), Dhruba Deb and Stefani Shoreibah (page 134), Skylar Li (page 172).

(2ページ) 海辺で採取し、黒色寒天培地で培養したセレウス菌のコロニー(詳細)。

# 謝辞

何よりもまず、スンヒ・ムンに対し、このプロジェクトに対する並外れた貢献について感謝する。スンヒは私たちのラボで撮影インターンとして出発して優れたバクテリア研究者となり、多くのペトリ皿の作成や写真の編集から、深い専門知識によるキャプション作成に至るまで、本書のあらゆる部分に貢献してくれた。ダニノラボの他のあらゆるメンバーに対し、その貢献について深謝する。特にマリアン・ショウ、ドゥラバ・デブ、アンジャリ・ドシ、ステファン・ショレイバ、スカイラー・リーに対して。バクテリアのアートワークの制作とキュレーションにおけるチェ・ドゥインのコラボレーションは非常に貴重なものだった。

またリッツォーリ・エレクタ社のチーム、具体的にはチャールズ・ミアーズ、マーガレット・レンノルズ・チェイス、ローレン・オルソン、リチャード・スロヴァク、カイヤ・マーコーに、本プロジェクトに対するサポートと熱意に心より感謝申し上げる。ルシンダ・ヒッチコックとカラ・ブゼルに、本書に出てくる美しい生物を紹介するダイナミックなデザインについて、またエリザベス・スミスに、あらゆる素材を編集し、まとめあげた素晴らしい仕事について深く感謝する。

ジェフ・ヘイスティとサンギータ・バティアに対し、彼らの研究室の研究者としてこの種のプロジェクトを探っていたときの支援についてお礼申し上げる。またコラボレーターであり、同僚でもあるヴィック・ムニーズ、アニカ・イー、シード社（アラ・カッツ＆ラジャ・ディア）に感謝する。

最後に、私のパートナーであるジョジョに対し常に変わることなく支えてくれたことに、またアダ、ヴァイオレット、クーパーに対しマイクロバイオームを提供してくれたことに感謝する。前述の方々またうかつにも名前を挙げるのを忘れてしまった方々に心より感謝申し上げる。本書はあなた方の力を合わせた取り組み、また芸術と科学の力に対する信念がなければ実現しなかっただろう。

# 著訳者略歴

**タル・ダニノ（Tal Danino）**

ニューヨーク市にあるコロンビア大学の生物医学工学部教授。学際的な合成生物学研究室を率い、バクテリアを「プログラム」し、さまざまなタイプのメディアを活用してそうしたバクテリアをアートワークに変容させている。ロサンゼルス出身で、カリフォルニア大学サンディエゴ校で生物工学の博士号を取得し、マサチューセッツ工科大学で博士号取得後の研究を行い、現在はTEDフェローとなっている。

**ヴィック・ムニーズ（Vik Muniz）**

ブラジル生まれのアーティスト、写真家で、ニューヨークとブラジルを拠点としている。現代のアイコン的イメージを、ダイヤモンド、雑誌、チョコレート、ちり、ごみといった型にはまらない素材を用いて再現、再解釈する独自のスタイルを持つ。作品は国際的に展示され、世界中の主要施設のコレクションに収められている。米国とブラジルにおいて、多くの教育的、社会的プロジェクトでコラボレーションを行っている。2010年にはアカデミー賞の長編ドキュメンタリー映画賞にノミネートされた『ヴィック・ムニーズ／ごみアートの奇跡』で取り上げられている。

**ジェフ・ヘイスティ（Jeff Hasty）**

カリフォルニア大学サンディエゴ校の生物工学・分子生物学部の教授であり、合成生物学研究所の所長を務める。もとは物理学で博士号を取得し、その後の経歴の中で計算生物学と生物工学の両分野にまたがる生物学者に転じた。合成生物学とシステムバイオロジー分野の先駆者で、生細胞内で人工遺伝子回路の設計と構築を行うパラダイムを確立した人物である。

**野口正雄（のぐち・まさお）**

翻訳者。1968年、京都市生まれ。同志社大学法学部卒業。医薬関係をはじめ、自然科学系の文献の翻訳に従事している。訳書に、『自然は脈動する：ヴィクトル・シャウベルガーの驚くべき洞察』(日本教文社)、『こうして絶滅種復活は現実になる』、『［フォトミュージアム］プランクトンの世界』、『世界の食はどうなるか：フードテック、食糧生産、持続可能性』(いずれも原書房) 等。京都市在住。

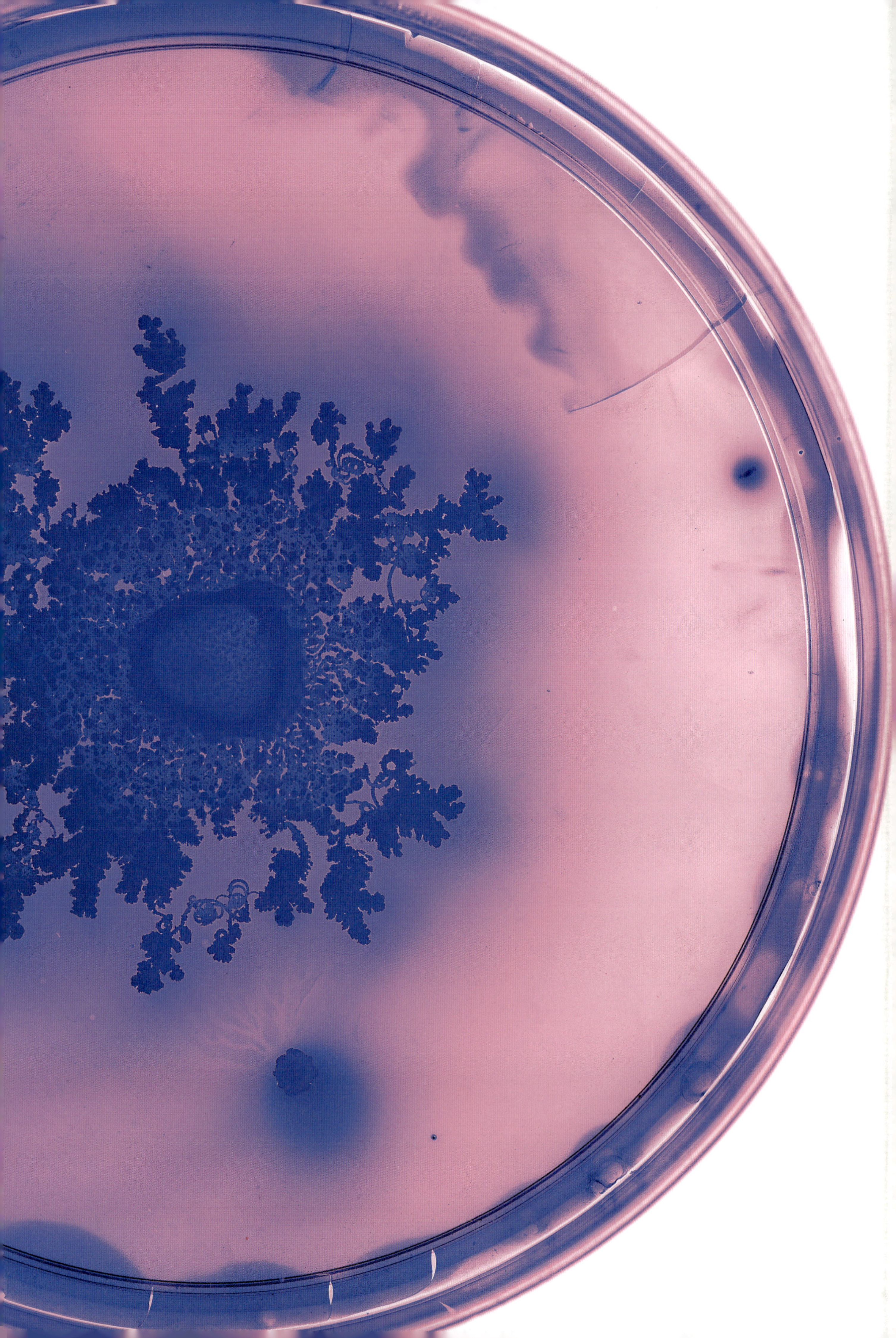

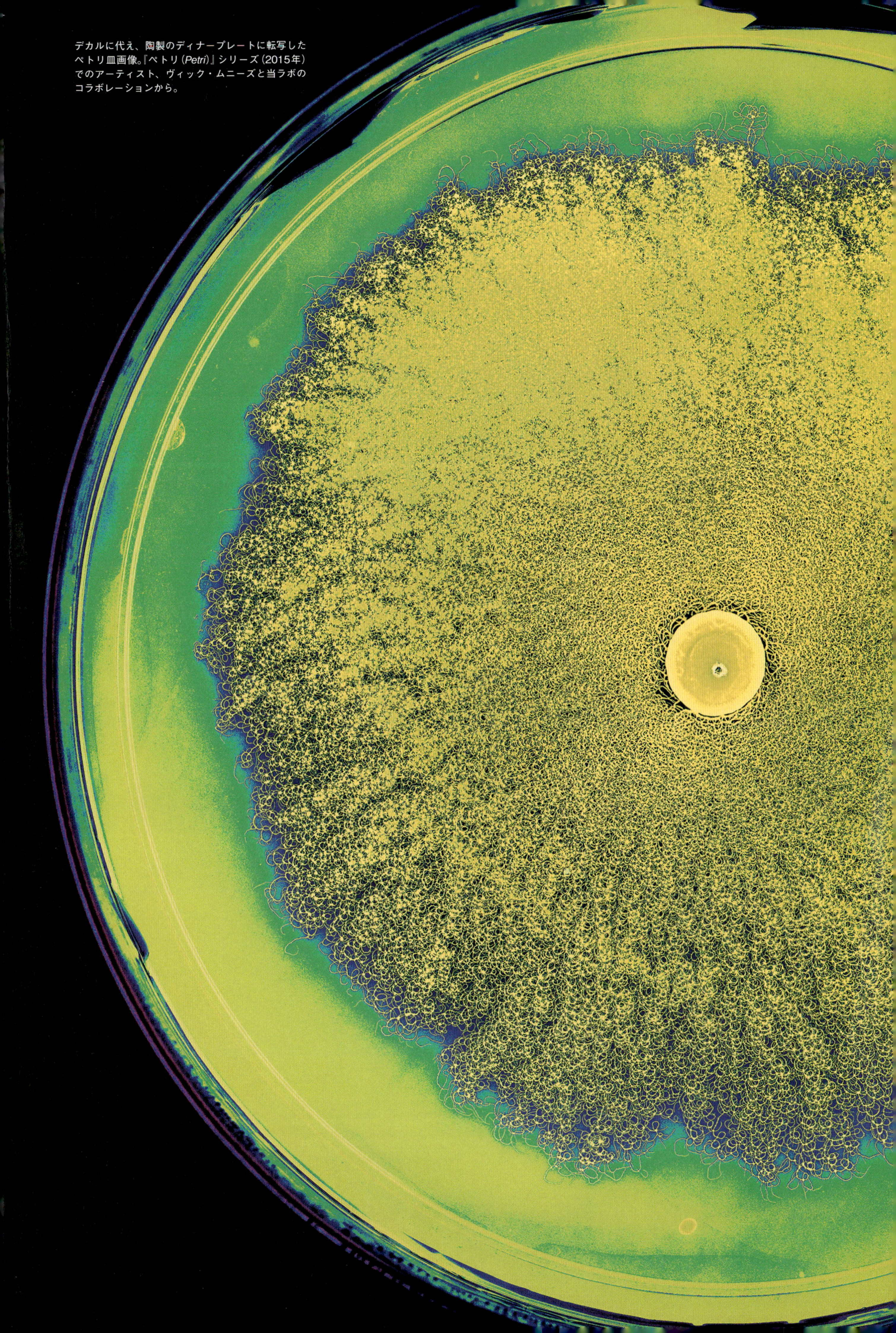

デカルに代え、陶製のディナープレートに転写したペトリ皿画像。『ペトリ（*Petri*）』シリーズ（2015年）でのアーティスト、ヴィック・ムニーズと当ラボのコラボレーションから。

*BEAUTIFUL BACTERIA*
*by Tal Danino*

This Work was originally published in English as
BEAUTIFUL BACTERIA: ENCOUNTERS IN THE MICROUNIVERSE
by Rizzoli Electa, a division of Rizzoli International Publications, New York in 2024.



［ヴィジュアル版］
バクテリアの神秘の世界
人間と共存する細菌

2024 年 9 月 30 日　第 1 刷

著者…………タル・ダニノ
訳者…………野口正雄
装幀…………大宮デザイン室

発行者…………成瀬雅人
発行所…………株式会社原書房

〒160-0022 東京都新宿区新宿 1-25-13
電話・代表 03（3354）0685
http://www.harashobo.co.jp
振替・00150-6-151594

印刷…………シナノ印刷株式会社
製本…………東京美術紙工協業組合


ISBN978-4-562-07461-7, Printed in Japan